知っておいしい ハーブ事典

伊嶋まどか 監修

CONTENTS

ハーブを知る

Knowledge of Herbs

人々の生活に欠かせない存在として、古代から使用されてきたハーブ。そんな身近な存在のハーブについて知り、さらに日々の暮らしのなかで利用してみよう！

Peppermint

Garlic

ハーブの歴史

ハーブの由来と始まり

ラテン語で「草」を意味する「ヘルバ（herba）」に由来するハーブ。今では、食用、飲用、薬用、美容、園芸、装飾など、生活のありとあらゆる場面で幅広く利用されている身近な存在だ。

その歴史は古く、約1万年前には栽培されていたという。紀元前3000年の古代バビロニアの粘土板には、熱病などの病気に対処するためにハーブを利用していた記録が残されているほか、古代エジプトのパピルスには、美容における利用方法なども紹介されている。また、同じく古代エジプトでは、ミイラの防腐剤として、マジョラム、シナモン、クローブ、アニスなどのハーブやスパイスが使われていた。さらに、それぞれのハーブの特性を生かし、繊維や染料の材料として、また、神に捧げる宗教儀礼における香料としても用いられていた。

その後、古代エジプト人からその利用法を学んだ古代ギリシャ人たちは、さらにハーブの研究を進めた。なかでも、「医学の祖」と呼ばれるヒポクラテス（右図）は、医学の分野で初めて400種類のハーブの処方を残し、後世に大きな影響を与えた。

世界各国で使われるようになったハーブ

中世ヨーロッパでは、医師の役割も担っていたキリスト教の修道士が、修道院のなかに薬草園を設けて治療に利用しており、こうしたハーブの知識が、ヨーロッパ中を襲ったペストの流行から人々を救ったといわれている。また、当時のヨーロッパは下水設備が整っておらず、入浴の習慣も一般的でなかったため、体臭を隠すための香水としての利用が広まった。なかでも、マリー・アントワネットやナポレオンは香り好きで有名だったという。

ヨーロッパと同様に、中国の伝統医学や、インドの伝統医学アーユルヴェーダなど、世界の各地域でも古くから利用されてきたハーブ。医学の進歩とともにその需要は減ったものの、近年は、健康・環境志向の高まりによる意識の変革などから、自然の力を生かすハーブが再び見直されている。

ハーブを安全に利用するために

健康状態に不安がある人は医師に相談を

ハーブは医薬品ではなく、また、通経作用があり妊娠中に適さない成分を含むなど、健康状態によっては使用を控えた方がよい場合もある。そのため、妊娠中、通院中、慢性的な病気やアレルギー体質の人は、使う前に医師に相談すること。また、美容や香水など、肌に使用する前には必ずパッチテストを行い、炎症が起きないかなど肌の状態を確認してから使用する。

毒性のあるハーブに注意

ハーブのなかには、部分によっては毒性のあるものや、種類によって食用にできないものなどがある。使用するハーブをよく調べ、安全が確認できた部分、種類を使用すること。

販売や人への譲渡は禁止

ハーブやハーブの精油を使って石けんや化粧品を作る場合、手作りしたものを販売したり、人に譲ったりすることは、医薬品医療機器法という法律で禁止されている。作ったものは必ず自分で使用すること。

ハーブの精油について

原液の扱いに注意

精油の原液は、絶対に飲んだり直接肌に付けたりしてはいけない。適切なキャリアオイルや天然塩で薄めたものでも、目や目の周り、唇などの粘膜部分には使用しないこと。使用にあたっては、最初は少量から始め、様子を見ながら使用量を調整する。異常を感じたらすぐに使用をやめ、医師に相談する。また、お年寄りや幼児の場合は通常よりも少量で使用すること。

柑橘系の精油の光毒性

レモンなど、柑橘（かんきつ）系の精油には、「光毒性」といって、皮膚に塗布（とふ）した状態で紫外線を浴びると炎症を起こす成分が含まれている。さらにはシミ、そばかすの原因にもなるため、これらの精油を使用した直後は、日光を浴びないこと。

精油の保管と使用期間

精油は、紫外線や温度変化、金属の影響を受けやすい、デリケートな物質である。そのため、ガラス製の遮光容器に入れた状態で直射日光の当たらない冷暗所で保管し、使用期限を必ず守ること。使用可能期間内でも、見た目や香りに異変がある場合は使用を控えた方がよい。また、精油のなかには、長期間連続で使用すると体に負担がかかるものもあるため、使用期間には十分に注意すること。

子どもの手の届かない場所で保管

誤飲、誤用防止のため、精油は子どもの手の届かない場所で保管すること。また、小さな子どもは抵抗力が弱く、精油の影響を受けやすいため、3歳以下の乳幼児への使用は厳禁。

【注意】ハーブとハーブの精油のもたらす効果は人によって差があり、扱い方を間違えると身体に害を及ぼす場合もあります。しかし、正しい使い方をすれば危険なものではないので、特性などを理解したうえで利用してください。

この本の見方

本書では、基本的なハーブ100種類を50音順に並べて、各ハーブの写真とともに、特徴や基礎知識、利用方法を簡単に解説しています。

利用方法

各ハーブがどんなことに利用できるのかをアイコンで表示。アイコンの見方は以下の通り。

- ハーブティー
- 料理
- 美容（アロマテラピーなど）
- クラフト（ポプリ、リースなど）
- 薬用

料理

料理で利用する場合の調理方法や、世界各地の料理、おすすめのレシピなど。

ハーブティー

ハーブティーで利用する場合、その特徴や効能、作り方、その他のアレンジ方法。

注意書き

ハーブ名

通し番号

育て方のポイント

各ハーブの栽培時期を示すカレンダーと、育てやすさ（★が多いほど育てやすい）、栽培する際の注意点、栽培風景の写真など。
※カレンダーは関東平野部など温暖なエリアを基準にしています

ハーブの基礎知識

名前の由来や歴史、利用方法など、各ハーブの基本的な情報。

美容・健康

各ハーブの精油などを美容・健康面で利用する場合、その効能やおすすめの利用方法など。

ハーブデータ

各ハーブの学名、分類、和名、原産地、草丈、使用部分、用途、効能。

※このほかに、【クラフト】【その他】の項目があり、【クラフト】ではポプリやリースなどの利用方法と簡単な作り方が、【その他】では上記以外の利用方法について紹介しています。

001

ARTICHOKE

アーティチョーク

イモのような風味の巨大なつぼみ

◀食用となるつぼみの断面

▲アーティチョークの花

人の背丈を超える高さまでに成長するアザミの仲間で、日本ではまだなじみが薄いが、ヨーロッパでは初夏～夏にかけて出回るポピュラーな食材だ。古代ギリシャ・ローマ時代から食べられていたが、一五世紀にイタリアで栽培が始まり、その後ヨーロッパ各地に広まっていった。

食用となるのは一五センチにもなるつぼみとがくの部分で、ゆでるとイモやユリ根のようなほくほくとした食感になる。また、アーティチョークの葉に含まれるシナリンという成分には肝臓の機能を高める作用があるといわれ、二日酔いを防ぐハーブティーとしても飲まれるほか、ユニークな形状からドライフラワーとしても楽しまれている。

ABOUT THE HERB

学名　*Cynara scolymus*
分類　キク科／多年草
和名　チョウセンアザミ
原産地　地中海沿岸
草丈　1.5～2m
使用部分　葉、つぼみ、がく
用途　料理、お茶、クラフトなど
効能　肝臓機能強化、解毒、消化促進、コレステロール値の改善、利尿など

料理

さまざまな洋食にマッチ

食用になるがくとつぼみの芯は、10～15分ほどゆでればパスタやソテー、サラダなど、さまざまな料理に使うことができる。下ごしらえは、レモン水に浸しながら行なうと変色を防ぐことができる。

※キク科アレルギーの人は使用を避ける

▲アーティチョークのパスタ

育て方

育てやすさ：★★★☆☆

- 年間を通じて日当たりの良い場所で育てる
- 夏は過湿に注意し、冬は霜よけが必要

	1	2	3	4	5	6	7	8	9	10	11	12
種まき			—	—					—	—		
花期						—	—	—				
収穫						—	—					

ASHITABA

明日葉

栄養価が高く
健康食品として
注目が集まる野菜

▲明日葉の花

▲明日葉の葉

爽やかな香りとほのかな苦味が特徴の明日葉《あしたば》は、日本原産のセリ科の野草だ。八丈島や伊豆諸島など温暖な地域に自生し、古くから食用とされてきた。「今日その葉を摘んでも、明日には若葉が出る」と形容されることからその名が付けられ、非常に生命力の高い植物として知られる。

　緑黄色野菜としてビタミンやミネラル、食物繊維が豊富なことから健康食品として人気があり、生産量のうち約九割が青汁やサプリメント用に加工される。茎を切ったときに出る黄色い液には、ポリフェノールの一種であるカルコンが含まれており、強い抗菌作用があることから体内の老廃物を排出し、ダイエット効果があるのではと期待されている。江戸時代には本草学者の貝原益軒《かいばらえきけん》が『大和本草』に滋養強壮に良い薬草として紹介している。

　旬の時期は二月下旬から五月頃で、三月が出荷のピークとなる。独特なクセがあるので、塩ゆでした後おひたしや炒め物などに調理される。伊豆大島では椿油で揚げた天ぷらが名物料理になっている。なお、市場に出回る明日葉の約九割が東京都産である。

ABOUT THE HERB

学名　*Angelica keiskei*
分類　セリ科／多年草
和名　アシタバ、ハチジョウソウ
原産地　日本
草丈　50～120cm
使用部分　葉、茎
用途　料理など
効能　抗酸化作用、血行促進、高血圧予防、便秘解消、老化防止、美肌、抗菌など

（左）明日葉の天ぷら（右）明日葉の油炒め

料理　苦味を和らげる調理方法

苦味や香りが気になる場合は、沸騰したお湯に塩を入れて下ゆでをするとよい。太い茎の部分と葉の部分は火の通りが違うので分けてゆでるか、先に茎を沸騰している湯に1分ほど浸してから、葉の部分を熱湯にさっとくぐらせるようにして、取り出す。

油との相性抜群

油を使って調理すると、明日葉の苦み成分を油がコーティングしてくれる。そのため、明日葉の苦みやクセのある味が抑えられ、爽やかな風味と感じて食べやすくなる。天ぷらや油を使った炒め物がおすすめだ。

▼明日葉を含んだ青汁

▶青汁と豚肉のスープ

タンパク質の食材と合わせる

タンパク質との相性もよく、苦味を和らげることができる。お肉や卵、ツナ、ちりめんじゃこ、豆腐などを合わせた料理で楽しもう。

栄養をまるごと取り入れる

水に溶けやすい明日葉の栄養を十分に取り入れるには、明日葉を生で使い、豆乳やバナナと合わせたスムージーがおすすめ。

◀明日葉の群生

育て方　育てやすさ：★★★★☆

注意点

- 日当たり、水はけ、風通しの良い場所で栽培。草丈が30cm程度に育ったら収穫
- 2年目以降に収穫する

003

ANISE

アニス

古代エジプトでも珍重された歴史あるハーブ

◀50cmほどの高さに成長する

▲種子のように見える果実（アニシード）

▶小さな白い花をたくさん付ける

古代エジプト時代、ミイラの防腐剤としても使用されていたアニスは、最も古いハーブの一つだ。古代ギリシャ時代には薬草として扱われ、母乳の分泌を促すほか、魔よけとしての効果もあると信じられていた。

またイギリスでは、修道院でしか栽培されなかったために希少価値が高く、大部分を輸入に頼っていた。一三〇五年には、エドワード一世がロンドン橋を通過するアニスに特別税をかけ、橋の修理費をまかなったという話は有名。

主に使用する部分は「アニシード」と呼ばれる果実。甘い香りと味が特徴の成分アネトールが多く含まれており、ケーキやクッキー、魚や鶏肉料理の風味付けに利用される。

このほか、果実を蒸留して精油を作ったり、生の葉をサラダで食べることもある。

薬用としては、古くから消化剤として珍重され、古代ローマ時代には肉料理の後、口臭を消す目的からもアニス入りのケーキがよく出されていた。現在でも、その甘みを生かして子ども用の医薬品に配合されたり、苦い薬のコーティングに使われたりと、幅広く利用されている。

ABOUT THE HERB

学名　*Pimpinella anisum*
分類　セリ科／一年草
和名　セイヨウウイキョウ
原産地　地中海東部沿岸
草丈　30〜50cm
使用部分　果実、葉、花
用途　料理、お茶、美容健康、クラフトなど
効能　消化促進、利尿、消臭、防腐、通経、整腸、抗炎症、更年期障害の緩和など

ア
カ
サ
タ
ナ
ハ
マ
ヤ
ラ
ワ

ハーブティー　甘くスパイシーな味

肉料理や揚げ物を食べた後に飲むとすっきりする。

せきやたんにはアニスティーでうがいをするとよい。

効能

消化促進や口臭予防のほか、たんを除去する効果がある。

RECIPE

アニシード（小さじ2）をつぶしてから、ポットに入れて熱湯を注ぎ、フタをして5〜10分蒸らす。

また、アニシード（小さじ1/2）を牛乳に入れて温めると、スパイシーなホットミルクに。

※妊娠中の飲用を避ける

◀アニスの精油で香り付けしたギリシャのリキュール「ウーゾ」

その他のアレンジ

アニスの精油は、トルコの蒸留酒「ラク」をはじめ、地中海沿岸地方でリキュール類の味付けと香り付けによく利用される。家庭では、リキュールにアニシードを漬け込んでおくと、手軽に芳香を楽しめる。

料理　デザートとの相性は抜群！

アニスの香味は空気に触れると変わりやすく、すりつぶすと直後から風味を失い始めるため、アニシードをそのまま保存しておき、使う分だけをすりつぶして使うのが一般的（葉や茎はそのままサラダやスープに使う）。

アニシードをケーキやパンなどに混ぜて焼くと甘い香りが付くほか、ジャムや肉料理に使うソースに混ぜてもおいしい。

オランダでは、赤ちゃんが生まれると、チョコレートでコーティングしたアニシードをビスケットに載せたお菓子「マウシェ」を客にふるまう習慣がある。

▲アニシードとイチジクのソースをかけた鴨肉のロースト

◀アニシード入りのフルーツケーキはクリスマスにもぴったり

◀オランダの「マウシェ」。女の子はピンク、男の子は青のアニシードを載せる

美容・健康

効能（精油）

- 精神疲労、ストレス
- 吐き気
- 頭痛
- めまい
- 消化不良
- 虫よけ
- せき、たん　など

▲アニスの精油

女性ホルモンのバランスに

月経不順や更年期障害の諸症状による不快感があるときは、キャリアオイル大さじ2とアニスの精油1滴を混ぜたものをデコルテなどに塗ると、アニスの香りにより、不快感の軽減につながる効果が期待できる。

※強力な精油のため、乳幼児、妊婦、敏感肌の人、子宮疾患のある人は使用を避ける

育て方

育てやすさ：★★☆☆☆

注意点

- 移植を嫌うので直まきする
- 3月以降の成長期には水切れを起こさないように注意する
- 果実は茶色になってから穂ごと収穫し、乾燥保存する

▶ギリシャのアニス畑

004

ALOE VERA

アロエベラ

美容成分を
たっぷり含んだ
利用価値の高い薬草

▶アロエベラの葉

昔から「医者いらず」と呼ばれ、重宝されてきたアロエは、日本人にもなじみ深いハーブの一つ。肉厚の葉を持つ多肉植物で、約四〇〇種類（諸説あり）が分布している。なかでも古くから食用や美容に役立てられてきた代表的なものが、アロエベラだ。葉が折り重なるように地面近くから生えているのが特徴で、「ベラ」はラテン語で真実や本当という意味を持つ。

古代エジプトの書物にも記されているなど、紀元前から薬として珍重されてきた。クレオパトラはアロエベラの汁を体中に塗り、その美貌を保ち続けたといわれている。また、アレキサンダー大王は古代ギリシャの哲学者アリストテレスの助言により、兵士の傷の治療や健康維持のためにアロエベラの栽培をさせ、遠征時に持参していたという。

ビタミン、ミネラル、アミノ酸、酵素からアロエ特有の成分に至るまで、実に二〇〇種類に及ぶ成分が含まれている。葉肉は肉厚で苦味も少ないため、食用に用いられるほか、美肌効果や保湿効果、炎症を抑える効果があることから、さまざまな化粧品に配合されている。

ABOUT THE HERB

学名　*Aloe vera*
分類　ツルボラン亜科／多肉植物
和名　アロエベラ
原産地　北アフリカ、アラビア半島、地中海沿岸
草丈　60cm〜1m
使用部分　葉（葉肉）
用途　料理、美容健康など
効能　便秘改善、整腸、美肌、抗炎症など

料理　シロップやハチミツと合わせて食べやすく

食用にするのは、透明なゼリー状の葉肉部分。葉の皮をむいて熱湯にさっとくぐらせ、食べやすい大きさに切った葉肉は、刺身のほかサラダに加えて食べるのがおすすめ。また、砂糖とレモン汁でシロップ煮にし、ヨーグルトにあえればデザートにもなる。

▶アロエジュース

飲み物としても

ホワイトリカーや焼酎にアロエベラの生葉、レモンの絞り汁、砂糖を漬け込んで冷暗所に1〜2カ月置くと、アロエベラ酒に。また、アロエベラの葉肉、水、ハチミツをミキサーで混ぜ、好みで牛乳、野菜、果物などを入れると飲みやすいアロエベラジュースの完成。

※妊娠・授乳・生理中の人、痔疾、腎臓障害のある人は飲用を避ける

▲アロエベラの葉肉

◀ヨーグルトにあえてデザートに

▲アロエベラの葉肉を使った石けんとクリーム

美容・健康　肌のトラブルや血行促進に

※パッチテストを必ず行う

効能

- アトピー
- 乾燥肌
- 肌荒れ
- 消化不良
- やけど
- 便秘など

化粧水に

アロエベラの葉肉とアルコールをミキサーで混ぜ、グリセリンを加えたものを消毒した容器に入れて保存する。

石けんとして

トゲを落としたアロエベラの葉をミキサーで混ぜたものや、乾燥させた葉の粉末などを加えた手作り石けんは、美肌効果抜群。

肌トラブルの治療に

生葉をしぼった液、または細かく刻んだ葉を患部に湿布すると、やけどやすり傷、日焼けや虫さされのほてりなどを抑える効果が期待されている。

入浴に

細かく刻んだアロエベラの生葉、または乾燥させた葉を木綿の袋に入れてお湯に入れてから入浴する。アロエベラの葉肉に含まれる保湿成分が、肌に潤いを与えてすべすべになる。抗炎症作用があるため、あせもなどの体にできた湿疹や炎症を和らげる効果が期待できる。

▲アロエエキスは小瓶に入れて保存しておく

育て方

育てやすさ：★★★☆☆

注意点

- 寒さに弱いので、鉢植えにする
- 冬は屋内に取り込む
- 日当たりが良く、水はけの良い場所を好む
- 2年に1度植え替える

▶スペイン・カナリア諸島のアロエベラ畑

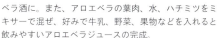

AROMATICUS

アロマティカス

▶ぷにぷにとした
葉が特徴

爽やかな良い香りの
食べられる多肉植物

多肉植物とハーブの両方に分類される、プレクトランサス属の植物。ミントのような爽やかな香りを放ち、葉はぽってりと肉厚で、ビロードのような風合いを持つ。ハーブティーとしてはもちろん、ソーダやお酒に入れて香り付けに使うほか、そのままサラダにするとアイスプラントのような食感と、すっきりとした香りが楽しめる。

初心者でも育てやすいが、肉厚な葉に水分を蓄えるため、水やりは控えめにするとよい。夏場は葉が茂りすぎると蒸れて枯れてしまうので、剪定《せんてい》しつつ収穫すると元気な株になる。収穫した葉は水挿しにしたり風通しの良い場所につるし、ポプリやサシェにするのもおすすめだ。

クラフト

部屋の臭い取りに

収穫した葉は芳香剤の代わりとして使用できる。花瓶や皿に移して、トイレやゴミ置き場など、臭いが気になる場所に置くとよい。

▲インテリアとしても最適

育て方

育てやすさ：★★★★☆

- 土の表面が乾いてから、水を与える
- 冬は最低5～10℃以上の場所で育てる

ABOUT THE HERB

学名	*Plectranthus amboinicus*
分類	シソ科／多年草
和名	キューバンオレガノ
原産地	インド、南アフリカ
草丈	20～30cm
使用部分	葉
用途	料理、お茶、美容健康など
効能	やけど、空気清浄効果など

ANGELICA
アンジェリカ

不安や緊張を和らげる「天使のハーブ」

▲黄緑色の傘状の花を咲かせる

▲▶アンジェリカの葉と茎

アンジェリカとは、「天使」を意味するラテン語に由来し、大天使ミカエルの記念祭の時期に花を咲かせることから、その名が付けられた。ミカエルは悪と戦う守護天使であり、アンジェリカの芳香は悪魔を退け、病気を治すと信じられていたことから、ヨーロッパでは最も重要なハーブの一つであった。

根や茎から作られるハーブティーや精油には、更年期障害やPMSなどの女性の不調に効果があるとされている。冷え性などにも効果があることから、「女性のための朝鮮人参」とも呼ばれる。

強い芳香は、香水、リキュールや料理の香り付けに使われ、茎の砂糖漬けはケーキのデコレーションに利用される。

ABOUT THE HERB

学名 *Angelica archangelica*
分類 セリ科／二〜多年草
和名 セイヨウトウキ
原産地 北／南ヨーロッパ、西アジア
草丈 1〜2m
使用部分 葉、花、茎、根、種
用途 料理、お茶、美容健康、クラフトなど
効能 疲労回復、自律神経調整、利尿、代謝促進など

ハーブティー

柑橘（かんきつ）系に東洋の香りが混ざった独特の香り。香りの強いハーブとのブレンドがおすすめだ。

効能

不安や緊張、気分が沈んでいる時に飲むと、心を落ち着かせ、ストレスを暖和する効果がある。

※妊娠中の飲用を避ける

▲乾燥させた根はハーブティーに

育て方

育てやすさ：★★★☆☆

- 冷涼地の植物なので半日陰の場所を好む。夏は特に注意
- 耐寒性がある

EVENING PRIMROSE

イブニングプリムローズ

ア
カ
サ
タ
ナ
ハ
マ
ヤ
ラ
ワ

女性の悩みに働きかける「王様の万能薬」

▼成熟した種子から
オイルを採取する

▶花は夕方に咲き
始め、朝にはしぼむ

北アメリカ原産の生命力の強い植物で、路地や荒地など、至る所で旺盛に繁殖する。かつて人々は、まるごとすりつぶして肌に塗り、傷口や皮膚炎の治療に使ったという。一七世紀以降にヨーロッパに伝わると、その薬効が認められ、イブニングプリムローズは「王様の万能薬」として重宝されるようになった。

葉や茎、根を乾燥させてハーブティーとして手軽に利用できるほか、種子から採れるオイルは、日本では「月見草油」と呼ばれ、必須脂肪酸の一つであるγ-リノレン酸が含まれている。月経前症候群(PMS)や更年期障害の症状の改善、血圧を下げるといった効果が期待され、民間療法として用いられることがある。

美容・健康

マッサージオイルに

種子から採取したオイルは、マッサージオイルとして肌に塗布すると効果的。ただし、香りが強くやや粘性があるため、ほかのオイルに5～20%程度の割合で混ぜて使うのがおすすめだ。

▶イブニングプリムローズオイル

育て方

育てやすさ：★★★★★

- 日当たりと水はけが良い場所で育てる
- しぼんだ花は早めに摘んでおくと花を長く楽しめる

	1	2	3	4	5	6	7	8	9	10	11	12
種まき				━	━							
花期						━	━	━	━			
収穫								━	━	━	━	

ABOUT THE HERB

学名	*Oenothera biennis*
分類	アカバナ科／二年草
和名	メマツヨイグサ
原産地	北アメリカ
草丈	30cm～1m50cm
使用部分	葉、花、根、種子
用途	料理、お茶、美容など
効能	美肌、PMS・更年期障害の緩和、コレステロール値の改善、血圧抑制など

YLANG-YLANG
イランイラン

かぐわしい芳香を放つ「花のなかの花」

▶先が丸まった花びらが特徴

▲マダガスカルのイランイラン畑

タガログ語で「花のなかの花」を意味するイランイラン。その名が示す通り、枝から垂れ下がるようにして、黄色、ピンク、藤色の美しい花を咲かせる。

特に、花から漂う甘く濃厚な香りは、風に乗って遠くまで匂うほど強く、「パフュームツリー」の別名を持つ。そのため主に高級な香水の原料として使われており、なかでも黄色い花を蒸留した精油は、品質、香りともに最も優れているとされている。

そのエキゾチックな香りには、古くから催淫《さいいん》効果があるといわれ、インドネシアでは、結婚式を挙げたばかりの新婚夫婦のベッドに、イランイランの花びらをまく習慣が続いているという。

ABOUT THE HERB

学名 *Cananga odorata*
分類 バンレイシ科／常緑高木
和名 イランイランノキ
原産地 東南アジア
草丈 5～15m
使用部分 葉、花、茎
用途 美容健康など
効能 抗うつ、鎮静、催淫、血圧降下、抗炎症、精神高揚、ホルモン活性など

美容・健康

効能（精油）

- ストレス
- 不妊
- 薄毛
- 乾燥肌 など

ヘアケアに

古くから整髪料に使用されてきたイランイランの精油。髪の毛の成長を促す作用もあるので、シャンプーなどのヘアケア類や、香水などに配合するのもおすすめ。

※強力な精油のため、過度に使うと頭痛が起きたり、気分が悪くなることがある。

▲イランイランの精油

育て方

育てやすさ：☆☆☆☆☆

家庭での栽培には向かない。

ECHINACEA

エキナセア

▼乾燥させた花

▶赤紫色のほか、白や黄色の園芸品種もある

見た目の美しさも楽しめる「インディアンのハーブ」

中心部分が突き出たようなユニークな花の形と、美しい赤紫色が特徴的なキクの仲間。かつて、アメリカ先住民の人々が解毒や炎症の治療に用いたことから、植民者たちに「インディアンのハーブ」と呼ばれていた。主な効能として、免疫力を高め、ウイルスや細菌の侵入を予防する効果が期待されており、欧米ではサプリメントなどに取り入れられている。

　利用方法は、全草を乾燥させて砕き、ハーブティーにするのが一般的だが、薬効成分が最も多く含まれる根も、煮出してうがい薬にするとのどの痛みを抑える効果がある。また、夏から秋にかけて咲く花は、園芸やクラフトで楽しむことができる。

ハーブティー

ほのかな草木の香りとマイルドな味わい。ほかのハーブティーとのブレンドもおすすめ。

効能

のどの炎症を抑えるほか、風邪やインフルエンザ予防、花粉症などのアレルギー症状にも効果がある。

▶エキナセアティー

育て方

育てやすさ：★★★☆☆

- 半日以上日が当たる場所で育てる
- 冬は腐葉土などを盛り、凍結を防ぐ

	1	2	3	4	5	6	7	8	9	10	11	12
種まき			━	━	━							
花期						━	━	━	━			
収穫						━	━	━	━			

ABOUT THE HERB

学名　*Echinacea purpurea*

分類　キク科／多年草

和名　ムラサキバレンギク

原産地　アメリカ北部

草丈　60cm～1m

使用部分　葉、花、根

用途　お茶、健康、クラフトなど

効能　免疫力向上、抗炎症、抗ウイルス、発汗、抗アレルギーなど

010

PERILLA

エゴマ

ア
カ
サ
タ
ナ
ハ
マ
ヤ
ラ
ワ

縄文時代から日本に存在する伝統作物

▶エゴマの葉

▲エゴマの花

韓国料理でおなじみのエゴマは、シソと同じシソ属に分類される。日本ではシソの影に隠れがちだが、縄文時代の遺跡からエゴマの種実が検出されるなど、日本最古の油脂植物と考えられている。

エゴマの種子は、かつてゴマが高価で一般の人には手が届かなかったときに、ゴマの代用品として使われていた。種子から絞った油は平安時代より作られ、工芸品の塗装などの用途で普及していたが、江戸時代に菜種油が広まったためエゴマを生産する農家が減少した。近年、現代人に不足しがちなα-リノレン酸が豊富に含まれていることが話題になり、知名度が高まった。アレルギー疾患や生活習慣病の予防などに期待できる。

ABOUT THE HERB

学名　*Perilla frutescens*
分類　シソ科／一年草
和名　エゴマ
原産地　インド、中国
草丈　50cm～1m50cm
使用部分　葉、茎、種子
用途　料理など
効能　動脈硬化・脳梗塞・認知症・アレルギー疾患・生活習慣病予防、美肌、抗酸化作用など

料理

さまざまな料理に

エゴマの種子は、あえ物や餅、クッキーなど、幅広い料理に使用できる。種子から絞った油は、食用油として使われている。葉は、しょうゆ漬けやみそ漬けのほか、韓国ではキムチにして食べられている。

▲エゴマの葉を使ったキムチ

育て方

育てやすさ：★★★★☆

- 3～5節くらいまで主枝が生育したら摘芯する
- シソと交雑してしまうので、分けて育てる

	1	2	3	4	5	6	7	8	9	10	11	12
種まき				━	━	━						
花期								━	━			
収穫									━	━		

ELECAMPANE

エリキャンペーン

呼吸器系の症状に
効果的な薬草

▶エリキャンペーンの花

草丈が二メートルを超えるほど大きく育つキク科の多年草で、ヒマワリのような黄色い花を咲かせる。古代ケルトでは神聖なハーブとして使われ、古代ギリシャ・ローマでは薬や食用に利用されていた。学名の「ヘレニウム」はギリシャ神話に登場する女性「ヘレネー」を語源とする。

根は独特の甘い香りと苦味があり、乾燥させると「土木香《どもっこう》」と呼ばれる生薬になる。咳や気管支炎のほか、消化促進や利尿作用効果が期待されている。また、多くの芸術家に愛されたリキュール「アブサン」の原料にも使われている。香りが少ないため、ハーブティーにする場合はハチミツを加えたり、他のハーブとブレンドすると良い。

ハーブティー

根で作るハーブティーは、やや苦みがあるので、レモンやハチミツ、他のハーブティーとブレンドすることで飲みやすくなる。

効能

咳や喉の痛みからくる風邪の症状を和らげ、痰を出しやすくする効果を持つ。

※妊娠中、授乳中の飲用を避ける

▲エリキャンペーンの根

育て方

育てやすさ：★★★★☆

- 日当たりの良い場所と適度に湿り気のある土を好む
- 倒れやすいので支柱を立てる

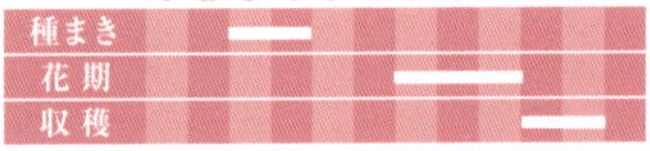

ABOUT THE HERB

学名　*Inula helenium*
分類　キク科／多年草
和名　オオグルマ
原産地　ヨーロッパ～アジア北部
草丈　80cm～3m
使用部分　葉、花、茎、根
用途　お茶、健康、クラフトなど
効能　呼吸器官機能改善、去たん、打撲、消化促進、防腐、殺菌など

Column 01
ハーブの保存方法

ハーブの香り・味を無駄なく長く楽しむためにも、正しい保存方法を知っておこう。自家製のハーブの葉を利用する場合は、香り成分が最も強い花の咲く直前に収穫して保存するのがおすすめだ。

乾燥保存

ハーブの乾燥保存は、晴れて空気が乾燥している状態でないとカビなどが発生してしまうため、晴天が続いている日の午前中に行うとよい。

1 風通しの良い日陰で、枝や茎ごと束にして逆さにつるしたり、小さなものは新聞紙などに広げて乾燥させる。乾燥ムラができないよう、時々上下を入れ替えるとよい

2 数週間程度かけ、葉がカサカサと音を立てるくらいに乾燥したら、乾燥剤と一緒に密閉容器に入れて冷暗所で保管する

3 ハーブは空気に触れると酸化が進むため、直射日光や高温多湿を避け、半年〜1年以内に使い切ろう

冷凍保存

ハーブの種類によっては、乾燥させると枯れてしまったり、香りが落ちてしまうものがある。そういったハーブは、生のまま冷凍保存しておくのもおすすめだ。冷凍する際は、ハーブについた水分を拭き取ってから少量ずつラップに包み、ポリ袋に入れて冷凍庫に入れるとよい。

なお、解凍したハーブは香りが落ち、葉から水分が抜けてしんなりとしてしまうため、生のままよりも炒め物やオーブン料理など、主に加熱調理に向いている。

【冷凍に向いているハーブ】

- イタリアンパセリ
- オレガノ
- タラゴン
- チャイブ
- バジル
- ミント
- レモンバーム
- ローズマリー など

【冷凍に向いていないハーブ】

- レモングラス
- ディル
- フェンネル など

※冷凍したバジルは自然解凍すると黒ずんでしまうため、凍ったまま料理に使うとよい

ELDER

エルダー

さまざまな薬効を持つ
「万能の薬箱」

▲熟した果実は食用に

◀エルダーの花

エルダーの名前は、アングロ・サクソン語の「エルド（炎）」に由来し、火を起こすためにその枝が利用されていたことによる。また、枝や幹を煎じて水あめ状になったものを、骨折治療のための湿布剤に用いたことから、別名を「接骨木《せっこつぼく》」ともいう。

果実・花・樹皮・葉・根など、全ての部分に優れた薬効を持つ。その歴史は古く、紀元前五世紀に「医学の祖」ヒポクラテスが使用したという記述が残されているなど、ヨーロッパでは「万能の薬箱」と呼ばれ、民間薬として親しまれてきた。

エルダーにまつわる伝説や迷信も多く、病気や悪霊を寄せ付けない厄よけやお守りとして、枝や幹などを扉や窓に吊るしたほか、花を布袋に入れて身に付けていたという。

薬効としては、よく知られている風邪やインフルエンザの症状を鎮めるだけでなく、シミやそばかすの軽減、花粉症による目の充血・鼻水の改善など、多岐にわたる。防虫効果も認められており、かつてイギリスでは虫よけのためにトイレのそばに植えられていたなど、まさに万能の名にふさわしいハーブだ。

ABOUT THE HERB

学名 *Sambucus nigra*
分類 レンプクソウ科／落葉低木
和名 セイヨウニワトコ
原産地 ヨーロッパ、南西アジア、北アフリカ
草丈 2〜10m
使用部分 葉、花、果実、枝、幹、根
用途 料理、お茶、美容健康、クラフト、染料など
効能 利尿、抗ウイルス、去たん、便秘改善など

料理　果実はビタミンたっぷり

夏に濃い青紫色の実を付ける。果実はエルダーベリーと呼ばれ、ヨーロッパでは古くからワインやシロップ、ジャムなどの食用に利用されているほか、染料としても用いられてきた。また、ビタミンA、ビタミンB、ビタミンCなど、栄養素も豊富で、風邪の予防やインフルエンザ、アンチエイジングにも効果が期待されている。

花を利用する

果実以外に、花も食用が可能。衣を付けて揚げるほか、砂糖をまぶしデザートとしても食べることができる。

▲エルダーの実のジャム

※種子には毒があるので、生食は厳禁

▲エルダーフラワーのハーブティー

ハーブティー　就寝前のリラックスに最適

マスカットに似た甘い香りがあり、優しい味わいのエルダーティーは、不安や憂うつを和らげ、神経の緊張をほぐす効果がある。寝る前に飲むのがおすすめ。

▲乾燥させた花

効能

風邪やインフルエンザの症状を改善するほか、感染症予防のうがい薬としても利用できる。

RECIPE

乾燥したエルダーフラワー（小さじ1）をポットに入れて熱湯を注ぎ、フタをして2～3分蒸らす。香りをかぐようにして飲むとよい。

▲エルダーの花で作るシロップとジュースは、ヨーロッパではおなじみ

その他のアレンジ

砂糖水とレモン汁に花を漬け込んだエルダーフラワー・シャンパンは、今も親しまれているイギリスの夏の飲み物。また、花を砂糖などと煮詰めたシロップは、水や炭酸で割ってジュースとして楽しめるほか、白ワインで割れば自家製カクテルに。果実を焼酎に漬けた果実酒も美味。

美容・健康

▶エルダーのバスグッズ

効能

- ストレス、不安
- シミ、そばかす
- 風邪の諸症状
- 花粉症、鼻炎など

化粧水として

肌を引き締める効果や、シミやそばかすの改善も期待できるエルダー。ハーブティーが残ったら、そのまま化粧水としても利用することができる。

入浴に

エルダーの花とペパーミントを綿の布袋に入れて湯船の中でもみほぐすハーブバスは、のどが痛む時におすすめ。

育て方

育てやすさ：★★★☆☆

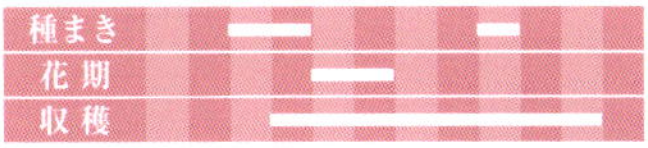

注意点

- 乾燥に弱いので水やりに注意する
- 夏は株が蒸れて弱らないよう、鉢植えは風通しの良い半日陰に置く
- 生育が旺盛なので、スペースに注意する

▶成長したエルダーの木

ア
カ
サ
タ
ナ
ハ
マ
ヤ
ラ
ワ

013

CURRY LEAF

オオバゲッキツ

南インド料理を特徴付けるスパイシーな香りのハーブ

▲強い芳香の白い花が咲く

▶オオバゲッキツの葉

カレーと柑橘類を足したようなスパイシーでオリエンタルな香りが特徴のハーブ。別名は「南洋山椒」だが、サンショウ属ではなく、ゲッキツ属に属する。ヒマラヤ山麓や南インド、スリランカに自生し、インドでは自家栽培をしている家庭も多い。

葉は「カレーリーフ」と呼ばれ、料理の香り付けやスパイスの効いた肉料理など、南インド料理には欠かせない材料の一つとなっている。料理のほか、アーユルヴェーダでは薬草として用いられ、滋養強壮や食欲増進、消化促進といった効果が期待されている。身体を冷やす作用もあるため、伝統的に解熱剤として使われることもあるという。乾燥した葉より新鮮な生の葉のほうが香りが強く、その働きもより期待できる。

かつては原産地でしか使われていなかったハーブだが、インドを植民地統治していたイギリスによって、ほかのアジア地域にも広がっていった。日本では沖縄や奄美大島で栽培されているが、移動規制の対象のため、本土への持ち出しは検疫が必要となる。国内で流通する葉は、ほとんどが乾燥品である。

ABOUT THE HERB

学名　*Murraya koenigii*
分類　ミカン科／常緑低木
和名　ナンヨウザンショウ、オオバゲッキツ
原産地　インド、スリランカ
草丈　3〜6m
使用部分　葉、花、樹皮、根
用途　料理、お茶、美容健康など
効能　消化促進、強壮、下痢防止、健胃、整腸、食欲促進など

ア
カ
サ
タ
ナ
ハ
マ
ヤ
ラ
ワ

◀乾燥させたオオバゲッキツの葉

(上)オオバゲッキツの葉と米を混ぜ合わせた「カレーリーフライス」(下)辛味と酸味が特徴のスープ「ラッサム」

料理　香り付けに使われるハーブ

カレーリーフと呼ばれるほど、よく煮込み料理の風味付けとして使われる。カレーリーフは生葉でなければ香りが少ない上、料理に入れると香りが飛びやすいため、具材を炒める直前に加える。ピラフやお粥などにも使えるほか、乾燥したカレーリーフにお湯を注いでハーブティーとして楽しむこともできる。

※妊娠中の食用を避ける

ソースの材料に

オオバゲッキツの葉は、チャツネという調味料の材料としても使われる。チャツネとは、野菜や果物に香辛料を加えて煮込んだり、漬けたりして作るソースやペースト状の調味料で、インドおよび周辺諸国の料理に欠かせない。各家庭ごとに独自のレシピがあり、甘いものから辛いものまで味は多様だ。

▲ペースト状の調味料「チャツネ」

美容・健康

◀オオバゲッキツの香油

効能(香油)

- 白髪予防
- 美肌など

ハーバルオイルとして

オオバゲッキツの花から抽出された香油には、髪や皮膚の健康を保つ効果があるとされている。ただし、使いすぎると色素沈着を起こす可能性もあるので、使用量には気をつけよう。

育て方

育てやすさ：★★★★★

注意点

- 日当たりと水はけが良く、栄養豊富な土に植え付ける
- 土の表面が乾いてから、たっぷりと水をあげる。耐寒性がないため、冬場は室内で育てる

▲オオバゲッキツの実

OLIVE
オリーブ

平和を象徴する
「太陽の樹」

▲グリーンの実が熟すと、黒褐色に変化する

▶オリーブの枝と実

平和の象徴として知られるオリーブは、国際連合の旗をはじめ、さまざまな国の国旗に描かれている。これは、神が起こした大洪水の後、陸地を探すためにノアがハトを放ったところ、オリーブの枝をくわえて帰ってきたという「旧約聖書」の一節に基づく。また、古代ギリシャではオリンピックの勝者にオリーブの冠が与えられたなど、古くから重要な植物として扱われてきた。

なかでも、実から採れる油は人類史上最古の食用油といわれ、六〇〇〇年ほど前に中近東で栽培され始めた。一世紀頃の古代ローマにおいて、オリーブオイルは「黄金の液体」と呼ばれ、商取引の中心となっていたという。

乾燥し、やせた土地でも育つオリーブは、世界最大の産地であるスペインを中心に世界に広まり、今では五〇〇を超える品種があるといわれる。生命力が強く、樹齢が長いことが特徴で、樹齢数百年を数える古木も多い。

日本では一八六二年に江戸幕府の侍医であった林洞海《どうかい》がフランスから苗木を輸入し、横須賀(神奈川県)に植えたことが始まりだとされている。

ABOUT THE HERB

学名	*Olea europaea*
分類	モクセイ科／常緑高木
和名	オリーブ
原産地	地中海沿岸
草丈	3~10m
使用部分	果実、葉
用途	料理、美容健康など
効能	コレステロール低下、動脈硬化改善、便秘改善、消化促進、美肌、血圧降下、抗ウイルスなど

美容・健康

効能（精油）

- 炎症、かゆみ
- ひび、あかぎれ
- 肌荒れ
- フケ
- 日焼けなど

▲マルセイユ石けん

石けんに

旧フランス王室御用達のマルセイユ石けんをはじめ、オリーブオイルを使った石けんは古来より珍重されてきた高級品。お気に入りのオイルを見つけて、手作りに挑戦してみては？

手足や爪の手入れに

温めたオリーブオイルに手足や爪を5分ほど浸すと、しっとりとつややかな指先に。オイルでマッサージするのも効果あり。

料理　そのままでも飲める栄養たっぷりのオイル

鳥や動物もついばむことがほとんどないほど、渋味や苦味が強いオリーブの実。そのため生食には向かず、実から搾油したオリーブオイルや、塩漬けにした実を食べるのが一般的。オリーブオイルは、植物油のなかでも特に消化吸収が良いとされ、不飽和脂肪酸のオレイン酸、リノール酸、リノレン酸が豊富に含まれているため、血管の健康維持に役立ち、動脈硬化予防、便秘予防、消化を良くする効果が期待されている。太陽光や蛍光灯に含まれる紫外線で酸化するので、冷暗所で保存する。黒いビンやアルミホイルを巻くなどして遮光するとよい。

▲さまざまハーブを漬けてハーブオイルに

種類によって使い分ける

オリーブオイルの種類は多種多様で、価格もさまざまだが、最高級のものは「エクストラ・ヴァージン・オリーブオイル」と呼ばれる。これは、果汁から遠心分離などによって直接得られた「ヴァージン・オイル」のなかでも、特に果汁の香りが良好で、品質が高いオイルのことをいう。そのため、加熱せずにそのまま食べることができ、パンや野菜などに付けて味そのものを味わうのがおすすめ。

実の食べ方

塩漬けにしたオリーブの実は、サラダをはじめ、パスタソースやピザのトッピング、ワインのおつまみなど、さまざまな食べ方で楽しめる。

▲塩漬けやマリネにしたオリーブが並ぶ、イタリアのマーケット

◀トマトやタマネギ、フェタチーズ、オリーブの実などの具材にオリーブオイルをかけたギリシャ風サラダ

育て方

育てやすさ：★★★★☆

注意点

- 乾燥気味に管理する
- 同じ品種の花粉では受粉しないため、違う品種の株を隣接して植える
- 日光をたっぷり当てる

▼スペイン・アンダルシアのオリーブ畑

ア
カ
サ
タ
ナ
ハ
マ
ヤ
ラ
ワ

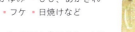

015

OREGANO

オレガノ

世界最古の
料理本にも登場する
重要なスパイス

▶オレガノの葉。葉は乾燥させるとより風味が増す

地中海沿岸の山野に自生するオレガノは、古代ギリシャ語では幸せを呼ぶハーブとして、婚礼の際に新郎新婦がオレガノを編み込んだ冠をかぶる風習もあったほか、薬草としても珍重された。また、近縁種のマジョラムと似ているが、マジョラムより生育が旺盛で丈夫なことから、「ワイルドマジョラム」という別名を持つ。

葉には、ほろ苦い清涼感があり、生か乾燥させて香辛料として利用される。現在はスパイスとして、イタリア料理やメキシコ料理を中心に広く利用されているが、四〜五年の古代ローマ時代に書かれた世界最古の料理本「アピキウスの料理書」では、〝ソースを美味しくするスパイス〟と記されていることから、当時から料理に使用されていたことがうかがえる。

殺菌効果に優れ、非常に強い独特の香りを持つことから、古代エジプトでは高貴な人のミイラを作成する際、シナモンやクミンなどのほかのスパイスとともに腐敗を防ぐ目的でも利用されていた。中世ヨーロッパでは、貴婦人たちが匂い袋や手を洗う水に入れて香りを楽しんだという。

ABOUT THE HERB

学名	*Origanum vulgare*
分類	シソ科／多年草
和名	ハナハッカ
原産地	地中海沿岸
草丈	50〜80cm
使用部分	葉、花
用途	料理、お茶、美容健康、クラフトなど
効能	発汗、殺菌、老化予防、消化促進、消臭など

ハーブティー　ほろ苦くスパイシーな味

ほのかな苦味が爽やかに感じられ、すっきりとした後味が特徴。生の葉より乾燥葉の方が青臭さがなく、甘味が強い。

効能

胃腸の調子を整え消化を促進する働きがあり、食べすぎてしまった後に飲むと効果的とされる。
※妊娠中の飲用を避ける。

RECIPE

乾燥させたオレガノの葉(小さじ1)をポットに入れて熱湯を注ぎ、フタをして2〜3分蒸らす。

▲オレガノティー

▲インゲン豆、ひき肉、トマト、チリパウダーを煮込んだ「チリコンカン」

料理　トマト料理に欠かせないハーブ

オレガノは、イタリアやギリシャなどの地中海地方の料理には欠かせないハーブのひとつ。トマトケチャップ、トマトジュース、オムレツなどのトマト料理や、チーズと相性が良い。

スパイスミックスとして

ピザ・ハーブと呼ばれるほど、ピザには欠かせないスパイスとして知られる。また、メキシコ料理で多用されるチリパウダー(チリペッパーの粉末に数種類のスパイスを混ぜたもの)にも不可欠で、チリビーンズやチリコンカンなどの料理には必ず使われる。ほかのスパイスと混ぜ合わせて作ったスパイスミックスを常備しておくと便利。

ブーケガルニに

シソ科の植物特有の清涼感が肉や魚の臭みを消すため、フランス料理でスープやシチューを調理する際に使うハーブの束「ブーケガルニ」にも利用できる。生のままでも乾燥させても使うが、乾燥させた方が香りが強くなるので、用途に応じて使い分けたい。

▶羊乳から作るギリシャのフェタチーズ。オレガノを入れてオリーブオイル漬けに

▲ピザやパスタの味のアクセントに最適

クラフト

殺菌・消臭効果を生かす

ドライフラワーにしてブーケやリースを作って飾れば、殺菌効果もあるインテリアに。掃除機の中に吸い込ませれば、ごみパックを殺菌・消臭してくれる。

▲オレガノの花

育て方

育てやすさ：★★★★★

注意点

- 高い湿度が苦手なため、梅雨の時期や夏は枝をすくなど、風通しを良くする
- 鉢植えは根詰まりを起こしやすいため、毎年春に植え替える

▲寒さと乾燥には強く、丈夫で育てやすい

016

ORANGE
オレンジ

ストレスを和らげる
フルーティーな香り

▲オレンジの花

▶ビターオレンジの果実

インドのアッサム地方が原産で、現在はアメリカ、ブラジル、スペイン、イタリア、メキシコなどが主産地となっている。日本に導入されたのは明治時代で、広島・和歌山などで栽培されている。

ハーブティーやアロマテラピーに使うオレンジには、ビターオレンジとスイートオレンジの二種類があり、それぞれ和名を「ダイダイ」、「アマダイダイ」という。どちらも乾燥させた果皮をお茶にして飲むことで、抗うつ作用により気持ちを明るくするほか、胃腸の働きを良くする効果が期待される。また、果皮から採取される精油の香りにもリラックス効果があり、アロマテラピーなどに使われる。

ビターオレンジの花は、柑橘系の爽やかさと優美な香りを併せ持ち、香水としても人気がある。花から抽出した精油は「ネロリ」と呼ばれ、一七世紀イタリアで「ネーロラの公妃」と呼ばれていたマリー・アンヌがこの精油を愛用したことが、名前の由来となった。このほか、花を乾燥させた「オレンジブロッサム」と呼ばれるハーブティーも、不安や緊張を和らげる効果があるという。

ABOUT THE HERB

学名	*Citrus aurantium*(ビター) *Citrus sinensis*(スイート)
分類	ミカン科／常緑小高木
和名	ダイダイ、アマダイダイ
原産地	インド、中国
草丈	4～5m
使用部分	果皮、花
用途	料理、お茶、美容健康、クラフトなど
効能	鎮静、消化促進、利尿、発汗、整腸、鎮咳など

▲ジャスミンとオレンジの果皮のブレンド茶葉
▼乾燥させた果皮

ハーブティー　イライラを鎮めたい時に

果皮（オレンジピール）は甘酸っぱくフルーティーな香りで、独特の渋味がある。花は穏やかな味と甘い香りを楽しむことができる。

効能
優れた鎮静作用があり、ストレスが溜まっている時や、眠れない夜などに飲むとより効果的だ。

RECIPE
乾燥させた果皮（小さじ2）をポットに入れて熱湯を注ぎ、フタをして5分蒸らす。

ブレンドティーに
ローズヒップやカモミールなど、ほかのハーブティーに加えると風味が増して味がマイルドになる効果がある。また、ハーブ以外にも紅茶や中国茶との組み合わせもおすすめ。

※妊娠中の飲用を避ける

料理　香りとほろ苦い味を楽しむ

生のオレンジの皮は、おろし器で削ってデザートやリキュールの香り付けに。また、刻んだ果皮に砂糖を加えて煮詰め、乾燥させたものは、ケーキやチョコレートなどさまざまな洋菓子に応用できる。

▲ビターオレンジのマーマレード。ほろ苦さと爽やかな香りがバターともよく合う

まるごとマーマレードに
酸味と苦味が強いビターオレンジは、生食よりも加工用に向いている。千切りにした果皮と果汁を一緒に煮詰めて砂糖を入れると、果皮に含まれるペクチンと酸が作用して自然なとろみがつけられる。

▲オレンジチキン

料理にも
果汁やマーマレードをフルーツソースとして肉料理に使うと、肉が柔らかくなり、見た目が華やかになる。また、オレンジは肉の臭みを消すスパイスとしても使われる。揚げた鶏肉にオレンジの皮で風味付けしたチリソースをからめたオレンジチキンは、アメリカで人気の中華料理だ。

育て方

育てやすさ：★★★☆☆

	1	2	3	4	5	6	7	8	9	10	11	12
植付け			━	━								
花期					━	━						
収穫										━	━	━

注意点
- 日当たりが良く、水はけの良い土を好む
- 軽い剪定をして風通しを良くする
- 鉢植えの場合は、2〜3年に1度植え替えを行う

▶アジア原産のビターオレンジは、日本でも栽培しやすい

美容・健康

▲オレンジの手作り石けん

効能（精油）
- 鎮静
- 解熱
- 健胃
- 消化促進
- 食欲増進

石けんに
オレンジの果皮から採取する精油には、油脂の洗浄や抗菌・消臭効果がある。石けんに精油をブレンドしたり、細かく刻んだ果皮を入れたりしてもよい。

入浴に
スイートオレンジの精油は、ビターオレンジよりも刺激が少なく、アロマバスに向いている。就寝前に精油入りのバスオイルを湯船に入れて入浴すると、リラックス効果があり眠りにつきやすい。

GARLIC

ガーリック

世界中の料理に使われる食欲をそそる香り

▲収穫されたガーリック

▶球根は数片に分かれている

ガーリックの歴史は古く、紀元前三二〇〇年頃には古代エジプトなどで栽培されていた。現存する最古の医学書にも薬として記載されているほか、ピラミッド建設に携わる労働者が体力維持のために食べたという記録もある。

日本には八世紀頃に伝わり、平安時代に書かれた医学書「医心方」で紹介されている。和名のニンニクは、困難を耐え忍ぶという意味の仏教用語「忍辱《にんにく》」が語源とされ、江戸時代にニンニクを食べることを禁止された僧侶が隠れて食べたためという説などがある。

料理以外にお茶やサプリメントにして健康増進用に飲まれているほか、魔よけとしても用いられ、ドラキュラが嫌うものとしても有名だ。

料理

スパイスの代名詞

食欲をそそる独特の香りが特徴で、中華料理やイタリア料理をはじめ、世界各国の料理に欠かせないスパイスのひとつ。生食では刺激が強過ぎるため、細かく刻んで加熱するほか、料理の隠し味として使う。

▲マッシュルームとガーリックのトースト

育て方

育てやすさ：★★★☆☆

- 鉢植えの場合は、深さが30cm以上あるものを選び、鱗片（種）を植え込む
- 花は咲く前に摘み取る

ABOUT THE HERB

学名	*Allium sativum*
分類	ヒガンバナ科／多年草
和名	ニンニク
原産地	中央アジア
草丈	25〜30cm
使用部分	芽、葉、茎、球根
用途	料理、お茶、健康、クラフトなど
効能	強壮、疲労回復、殺菌、代謝促進、抗ウイルス、血行促進、食欲増進など

018

KAFFIR LIME

カフィアライム

エスニック料理を引き立てる
爽やかな香り

▼葉と果実。表面がでこぼこしていることが和名の由来となった

東南アジア原産の柑橘《かんきつ》類の一つで、タイでは実を「マクルー」、葉を「バイ・マクルー」と呼ぶ。二枚の葉がつながったような独特の形の葉には、爽やかな強い芳香があり、東南アジアではカレーやスープ、肉・魚料理などの風味付けに欠かすことのできない代表的なハーブだ。

　カフィアライムの果肉は苦味が強いため料理には向かないが、強い香りを持つ果皮は、すりおろして料理に使われる。また、果皮と果肉に含まれる精油成分の「リモネン」には、フケやかゆみを防ぎ、抜け毛を抑える効果があるとされ、タイやインドネシアなどでは、古くからカフィアライムの実のペーストなどを頭皮のマッサージに利用している。

ABOUT THE HERB

学名　*Citrus hystrix*
分類　ミカン科／常緑低木
和名　コブミカン
原産地　東南アジア
草丈　3～10m
使用部分　葉、果実
用途　料理、美容健康など
効能　抗がん、殺菌、消化促進、抗炎症、血行促進など

料理

スパイシーな料理に最適

乾燥葉または生の葉をカレーやスープにそのまま加えて煮込むほか、細かく刻んでさつま揚げなどの練り物に。ガランガル、レモングラスと合わせて本格的な「トムヤムクン」の香り付けにも。

▲タイのレッドカレー

育て方

育てやすさ：★★☆☆☆

- 関東以西の日当たりが良く暖かい地域に適している
- 冬は乾燥と雪・霜に注意する

	1	2	3	4	5	6	7	8	9	10	11	12
植付け				―	―							
花期						―	―					
収穫					―	―	―	―	―	―		

CHAMOMILE
カモミール

心地よい眠りに誘う
リンゴのような甘い香り

▲ジャーマン種

◀ジャーマン種と比べて花は控えめだが葉が美しいローマン種

白く可憐な花がリンゴのような強い芳香を持つことから、「大地のリンゴ」を意味するギリシャ語、「カマイメーロン」がその名の由来となった。日本には、一九世紀初頭にオランダから伝えられたため、オランダ語名の「カーミレ」がなまって「カミツレ」と呼ばれている。

古代エジプトにおいては、太陽神への供物や治癒の秘薬として用いられた。当時は「最高のハーブ」として称えられた。また、ヨーロッパで最も歴史のある民間薬の一つでもあり、フランスやイギリスをはじめ、古くから熱病や婦人病の治療薬として利用された。現在は、高いリラックス効果から「安眠の薬」とも呼ばれて親しまれているほか、強い抗炎症作用が期待されていることから、化粧品などにも用いられる。

カモミールのなかで特に優れた薬効を持つとされるのが、ジャーマン・カモミールとローマン・カモミールの二種だ。花だけに芳香があるジャーマン種は、主にハーブティーとして利用される。一方のローマン種は花、茎、葉の全てに芳香があり、ハーブティーにすると苦味が強い点が特徴だ。

ABOUT THE HERB

学名　*Matricaria recutita*（ジャーマン）
Anthemis nobilis（ローマン）
分類　キク科／一年草（ジャーマン）
多年草（ローマン）
和名　カミツレ、ローマカミツレ
原産地　ヨーロッパ
草丈　30〜80cm
使用部分　葉、花、茎
用途　料理、お茶、美容健康、クラフトなど
効能　リラックス効果、発汗、美肌、抗炎症など

ハーブティー　ドライでもフレッシュでも

ローマン種はお茶にすると苦味が出るため、飲用にはジャーマン種がおすすめ。

効能
安眠、リラックス、疲労回復効果に優れているので、仕事や夕食後、就寝前などに飲むとより効果的。

RECIPE
カモミールの生の花（5枚程度）、またはドライカモミールの花（小さじ1）をポットに入れて熱湯を注ぎ、フタをして3〜5分蒸らす。

▲ドライカモミールとカモミールティー

その他のアレンジ
ハーブティーが苦手な人は、カモミールミルクティーにするとより飲みやすい。牛乳（200cc）とドライカモミール（小さじ1）を鍋に入れて火にかけ、沸騰する前に火を止める。茶こしでカモミールをこして、ハチミツを入れるとさらに美味。

▲カモミールのバスソルト

美容・健康

▲敏感肌の人にも使用できるカモミールの石けん

効能（精油）
- 不眠 ・ストレス ・生理不順
- 肌荒れ ・ニキビ ・乾燥肌
- 頭痛、生理痛、関節痛
- アレルギー ・下痢、便秘
- PMS、更年期障害など

入浴に
濃く煮出したカモミールの抽出液や精油のバスオイル、バスソルトを湯船に入れれば、リラックスと美肌の相乗効果に。

肌や髪のケアに
カモミールの抽出液を化粧水やリンスとして使えば、肌をなめらかにして髪にツヤを与えてくれる。

庭の防虫に
カモミールは、近くに生えている植物を健康にする働きがあるコンパニオンプランツで、「植物のお医者さん」とも呼ばれる。キャベツやタマネギのそばに植えれば害虫予防になるほか、ハーブティーや入浴剤として使用した後の花を、土に埋めておくのも効果的だ。

▲カモミールの精油

育て方

育てやすさ：★★★☆☆

注意点
- 高温多湿に弱いため、適度に間引きして風通しを良くする
- 新芽とつぼみにアブラムシが付きやすいので注意

◀春から夏にかけて白い花を咲かせる

クラフト

愛らしい花を生活に取り入れる

フレッシュカモミールは、そのままコサージュやリースとして利用できる。また、乾燥させた花を枕に詰めれば、安眠効果を高めるハーブピローとしても利用可能。ポプリを枕元に置いておくだけでも効果がある。

▶カモミールのリース

Column 02

ハーブソルト&オイルの作り方

ハーブソルトの作り方

細かく刻んだハーブと塩を混ぜ合わせるだけでできる万能調味料。お好みのハーブやスパイスを使ってオリジナルのハーブソルトを作ってみよう。

おすすめハーブ

- オレガノ
- コモンセージ
- タイム
- バジル
- マジョラム
- ローズマリー など
- ガーリック
- コリアンダー
- チャービル
- フェンネル
- パセリ

【材料】お好みのハーブ各種（生またはドライ）… 適量
食塩 …… ハーブの全量と同じ量

1 食塩をフライパンで空煎りするか、ラップをかけずに電子レンジで加熱して水分を飛ばす

2 包丁やフードプロセッサーなどでハーブを細かく刻む

3 食塩とハーブを乳鉢に入れ、乳棒でよくかき混ぜる

4 保存瓶などに移して完成。生のハーブを使う場合は、傷みやすいので冷蔵庫で保管し、早めに使い切る

※ローズマリー、コモンセージなどの香りが強いハーブは量を少なめにする

ハーブオイルの作り方

オイルにハーブを漬け込んで、香りと成分を移したハーブオイル。数種類のフレーバーを作り置きしておくと、ドレッシングやガーリックトースト、パスタ、肉や魚の焼き料理や下味付けなど、さまざまな料理に使えて非常に便利だ。

おすすめハーブ

- オレガノ
- タイム
- ディル
- フェンネル
- マジョラム
- レモングラス
- ローズマリー
- ローレル など
- タラゴン
- ガーリック
- バジル

【材料】ハーブ各種 …… 適量
食用油 …… 適量

1 フレッシュハーブはよく洗ってキッチンペーパーなどで水気をしっかり拭き取り、ガーリックは皮をむき根元を切り落としておく

2 熱湯で洗って消毒し、乾燥させた保存容器にハーブを入れ、ハーブが完全に浸かるまで油を注ぐ

3 フタをして、直射日光の当たらない場所で1週間ほど寝かせて油に香りを移す。その際、1日1回、容器を揺する

4 油にハーブの香りが移ったら、ハーブを取り出してザルなどでこすと完成

5 出来上がったハーブオイルは、1～2週間のうちに使い切るようにする

020

GALANGAL

ガランガル

独特な香りと辛味を持つショウガの仲間

▼根茎は白っぽく、日本の新ショウガに似ている

▼ガランガルの茎と葉

刺激的な風味と清涼感を持つジンジャーの仲間で、インドや中国などでは古くから胃炎や呼吸器疾患の薬として用いられていたという。ガランガルと呼ばれるものには、「大ガランガル(Greater galangal)」と「小ガランガル(Lesser galangal)」があるが、タイ料理の材料で「カー」という名で知られているのは、大ガランガルの方である。

主に利用するのは成長した根茎の部分で、ジンジャーほど土臭くなく、辛味と酸味、甘味を合わせた独特の風味から、肉・魚の臭み消しや煮込み料理などに使われる。また、新ショウガのように若い根茎をそのまま食べたり、新芽、花穂も生のままサラダやゆでて食べることもできる。

ABOUT THE HERB

学名 *Alpinia galanga*
分類 ショウガ科／多年草
和名 ナンキョウ
原産地 中国南部
草丈 1~2m
使用部分 根茎、花穂
用途 料理、お茶など
効能 抗炎症、口臭予防、鎮吐、健胃、強壮、利尿など

料理

辛味を生かした料理に

タイカレーやトムヤムクンのほか、インドネシアのサンバルソース(チリペッパー、ガーリック、ガランガル、トマト、ライム果汁、魚醤、砂糖などで調味したチリソース)にもおすすめ。なお、ガランガルは輸入食材店などで生または乾燥したものを購入することができる。

▲インドネシアの食卓に欠かせないサンバルソース

育て方

育てやすさ：☆☆☆☆☆

家庭での栽培には向かない。

021

CARDAMON

カルダモン

ピリッと爽やかな「香りの王様」

▲カルダモンの葉

▶乾燥させたカルダモンの果実と種子

爽やかで強い香りを持つショウガ科の植物で、その香りの豊かさから「香りの王様」と称される。原産はインド南部で、乾燥させた種子はチャイやカレー料理、洋菓子などに使われる。紀元前よりヨーロッパに輸出されていたが、栽培や収穫が難しく手間がかかることから、高価なスパイスとして取引されていた。

アーユルヴェーダや漢方薬にも用いられ、消化促進や口臭防止に効果があるとされる。発汗作用もあるとされ、体を温める効果が期待される。サウジアラビアでは真ちゅうのコーヒーポットの先に割ったカルダモンを数粒詰めてコーヒーを注ぐ「ガーワ」と呼ばれるカルダモンコーヒーを飲む習慣がある。

料理

▲カルダモンパウダー

甘い料理から辛い料理まで

カルダモンはガラムマサラの主材料となっているほか、カレーの香り付けに使われる。カルダモンパウダーに砂糖を混ぜ合わせたカルダモンシュガーは、パンやヨーグルトなどにかけるとよく合う。

※妊娠・授乳中の使用を避ける

育て方

育てやすさ：★☆☆☆☆

- 日本でも栽培可能だが、温室などの設備が必要
- 年間を通じて20℃程度の気温を保つ

ABOUT THE HERB

学名　*Elettaria cardamomum*
分類　ショウガ科／多年草
和名　ショウズク
原産地　インド、スリランカ
草丈　1～3m
使用部分　果実、種子
用途　料理、お茶、美容健康など
効能　消化促進、健胃、発汗、口臭予防など

ア
カ
サ
タ
ナ
ハ
マ
ヤ
ラ
ワ

022

CURRY PLANT

カレープラント

カレーの香りを漂わせる不思議なハーブ

◀カレープラントの葉

▲黄色い小さな花が特徴

乾燥した丘や岩場、崖などに自生するカレープラント。その名前が示す通り、葉と茎にカレー粉のようなスパイシーな芳香を持っているのだが、カレー粉やカレールーの原料として用いることはないという、ユニークなハーブだ。苦味と香りが強いため食用には向かないが、スープやピクルスなどの香り付けに利用されている。

黄色い花は、ドライフラワーにしても長期間色あせないため、「エバーラスティング（永遠）」や「イモーテル（不死）」という呼び名を持つ。また、銀白色の美しい葉は、寄せ植えや花壇のふち取りなどに使うとよく映えることから、イギリスでは古くから庭園の彩りとして利用されてきた。

ABOUT THE HERB

学名　*Helichrysum italicum*
分類　キク科／多年草
和名　カレープラント
原産地　地中海沿岸
草丈　30〜60cm
使用部分　葉、花、茎
用途　料理、クラフトなど
効能　抗菌、疲労回復、精神安定、抗炎症など

クラフト

ドライフラワーに最適

葉や花の色は乾燥させても色あせないため、ドライフラワーやポプリ、リースの彩りとしての利用がおすすめ。トイレや靴箱などに置いておくと、消臭効果が期待できる。

▲ドライハーブのブーケ

育て方

育てやすさ：★★★☆☆

- 日当たりの良い場所で乾燥気味に育てる
- 密生しないよう、こまめに枝をすく

CALENDULA

カレンデュラ

皮膚トラブルに優れた効果を発揮するハーブ

▶中心に黒いスポットがあるものなど、花容は多彩

「食用にできるマリーゴールド」という意味で、「ポットマリーゴールド」の別名を持つカレンデュラ。その名の通り、ヨーロッパでは古くから食用花として利用されてきた。

日本では、「盞《さかずき》の形をした金色の花」という意味から「金盞花《キンセンカ》」という和名が付けられた。一七世紀中頃に伝わったとされ、仏壇や墓に備えるのが主流だった。そのため、食用のイメージはなかったが、葉はサラダに、花びらは米・魚料理の飾りや、菓子、チーズ、ジャムなどの着色料として利用することができる。

特に、花びらには損傷を受けた皮膚や粘膜、毛細血管の修復を促したり、殺菌作用のある有効成分が含まれるため、カレンデュラの軟膏は、昔から皮膚の治療薬としても広く利用された。また、中世ヨーロッパでは、カレンデュラを眺めているだけで視力が強化されると考えられていたという。

なお、カレンデュラという名前はカレンダーの語源となったラテン語の「カレンダエ(月の第一日の意)」に由来するが、はっきりとした理由は分かっていない。

ABOUT THE HERB

学名	*Calendula officinalis*
分類	キク科／一年草
和名	キンセンカ
原産地	地中海沿岸
草丈	30〜80cm
使用部分	葉、花
用途	料理、お茶、美容健康、クラフト、染料など
効能	抗菌、抗炎症、抗ウイルス、消炎、皮膚・粘膜の修復など

ハーブティー　女性に優しい効果

美しい黄金色のハーブティーで、草原のような香りがする。あまりクセはないが、若干苦味がある。

効能

新陳代謝を促し、内側から肌をきれいにするほか、貧血、生理痛、生理不順、更年期障害など、女性特有の症状を軽減する効果もある。

その他のアレンジ

濃いめに入れたカレンデュラのハーブティーは、うがい薬として利用できる。

▶カレンデュラのハーブティー

RECIPE

乾燥させたカレンデュラの花（小さじ1）をポットに入れて熱湯を注ぎ、フタをして5〜10分蒸らす。

※妊娠・授乳中の飲用を避ける。観賞用のマリーゴールドと似ているため、間違えないように注意する

▲カレンデュラの石けん

美容・健康

効能

- 肌荒れ
- 切り傷
- やけどなど

化粧水として

ハーブティーをニキビや肌荒れに化粧水としてそのまま利用する。

応急処置に

ハーブティーをガーゼやコットンに染み込ませ、切り傷などの炎症部分に湿布すると応急処置に。

万能カレンデュラオイル

ガラス容器に乾燥させたカレンデュラの花（5g）と、キャリアオイル（100ml）を入れてフタをし、約2週間漬け込んだら花をこす。さらに花（10g）を加えて2週間漬け込み、再度花をこすと完成。マッサージオイルやハンドクリーム、リップクリームの基材として利用できる。酸化しないように遮光ビンに入れる。

入浴に

布袋に乾燥させたカレンデュラの花を入れ、口をしばって湯船の中でもみほぐすと、手荒れやかかとのひび割れなどを修復する効果がある。

※妊娠中は使用を避ける

▲カレンデュラオイル

育て方

育てやすさ：★★★★☆

注意点

- 枯れた花はこまめに摘むようにする
- 日当たりの良い場所で育てる
- 庭植えの場合は簡単な霜よけを用意する
- ウドンコ病に注意する

▶カレンデュラの花

クラフト

リースやポプリの彩りに

香りはあまりないが、オレンジ色の花はドライフラワーにしても美しいため、ポプリやリースの彩りとして楽しめる。

▶乾燥させたカレンデュラを使ったポプリ

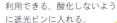

024

CHRYSANTHEMUM

菊花

目の疲れを和らげる
中国伝統の花茶

▶観賞用よりも小さい菊花

漢方で用いられる生薬「菊花《きくか》」は、食用菊の頭状花を乾燥させたもので、「東洋のカモミール」とも呼ばれる。解熱や解毒、眼精疲労や鎮痛作用といった効果があるとされ、日本では伝統的に利用されることが多い。主な産地である中国浙江《せっこう》省の杭菊は白っぽく、安徽《あんき》省産の小菊は黄色い。完全に開いた花よりもつぼみの方が高級品で、花の蜜のような強い香りがする。

菊花茶は、中国では古くから多くの人々に愛飲されてきた花茶で、クコの実や中国緑茶とブレンドして飲まれることが多い。重陽の節句には、邪気を払い長寿を願って菊花茶や菊花酒を飲む風習がある。枕の中に菊花を入れると、安眠枕として熟睡できるとされる。

ハーブティー

ほのかな苦味があり、好みで緑茶やプーアル茶とブレンドするのもおすすめだ。

効能

目の疲れを取り、風邪のひき始めに効くといわれている。また、お湯の中で開く花びらと菊の香りが、鎮静効果を与えてくれる。

▲ストレートで楽しむ菊花茶

育て方

育てやすさ：★★★☆☆

- 日当たりと水はけの良い土を好む
- 花つきを良くするリン酸成分の多い肥料を与える

ABOUT THE HERB

学名 *Cananga odorata*
分類 キク科／多年草
和名 キク
原産地 中国
草丈 50cm～1m
使用部分 花
用途 料理、お茶、健康など
効能 目の充血・疲れ目改善、解熱、解毒、鎮痛、鎮静リラックス効果など

025

CATNIP

キャットニップ

爽やかな香りの
ネコが喜ぶハーブ

▶のこぎり歯のある三角形の葉は、表面に細かい毛が生えている

▼うっとりと葉の匂いを嗅ぐネコ

すがすがしい芳香を持つミントの仲間で、「ネコが噛むもの」を意味する名前は、ネコがこの草をつまんだり、寝転んで体をこすり付けたりすることに由来する。その歴史は古く、古代ローマ時代から医薬品や調味料として栽培されていたという。

キャットニップの葉と花にはビタミンCが豊富に含まれ、風邪の症状や不眠に効果があると期待されている。ミントと同じようにハーブティーにして飲むのが一般的だが、乾燥させた葉を入浴剤として利用することもできる。また、株は大きく成長するので、たくさん茂った葉と花穂は乾燥させてポプリにし、ぬいぐるみの中などに入れるとネコが喜ぶおもちゃになる。

ABOUT THE HERB

学名　*Nepeta cataria*
分類　シソ科／多年草
和名　イヌハッカ
原産地　西アジア、ヨーロッパ
草丈　45cm～1m
使用部分　葉、花、茎
用途　料理、お茶、健康、クラフトなど
効能　鎮静、安眠、発汗、解熱、通経など

ハーブティー

葉と茎は生でも乾燥させたものでもよく、ミント系のすがすがしい香りでリラックスできる。

効能

催眠、発汗、鎮静作用があるが、体温を上昇させることはないので、風邪や発熱の際に飲むとよい。

※妊娠・授乳中の飲用を避ける

▲生葉のキャットニップティー

育て方

育てやすさ：★★★☆☆

- 日当たりと水はけが良く、肥沃な土に植える
- 成長期は土の表面が乾いたらすぐ水やりをする

	1	2	3	4	5	6	7	8	9	10	11	12
種まき				—	—				—	—		
花期						—	—	—				
収穫				—	—	—	—	—	—			

026

FRAGRANT ORANGE-COLORED OLIVE

キンモクセイ

秋の訪れを告げる
甘く芳しい香り

▶キンモクセイの花

秋にオレンジ色の小さな花を無数に咲かせるキンモクセイは、甘く濃厚な香りが特徴の小高木樹。日本には江戸時代に中国から渡ってきた。国内のキンモクセイは挿し木で増殖されたため、ほとんどが雄株である。

中国では、キンモクセイを含むモクセイ属の花を乾燥したものを「桂花《けいか》」と呼び、お茶や香味料、精油の抽出などに利用される。お茶として飲む場合は緑茶やウーロン茶などの風味付けとして加えるのが一般的で、精神安定やリラックスに効果がある。花びらとつぼみを白ワインに漬け込んだ桂花陳酒は甘く芳醇な味わいが特徴で、楊貴妃が愛飲していたという言い伝えがある。清朝時代には宮廷の秘酒だった。

ハーブティー

お湯を注ぐと、ふわっと甘く濃厚な香りが広がるのが特徴。開花間近のつぼみが一番香る。

効能

おなかを温めて胃の痛みを取る効果が期待できるほか、口臭予防などにも効果があるとされている。

▲キンモクセイを使った桂花茶

育て方

育てやすさ：★★★★☆

- 苗が根付くまでは、土の表面が乾いてから水を与える
- 鉢植えの場合は、2〜3年に1回植え替える

	1	2	3	4	5	6	7	8	9	10	11	12
植付け			—	—					—	—		
花期									—	—		
収穫									—	—		

ABOUT THE HERB

学名　*Osmanthus fragrans var. aurantiacus*
分類　モクセイ科／常緑小高木
和名　キンモクセイ
原産地　中国
草丈　5〜6m
使用部分　花
用途　お茶、クラフトなど
効能　抗酸化作用、防虫、安眠、血行促進、健胃、強肝、利尿など

027

CLARY SAGE

クラリセージ

甘い紅茶のような香りを持つ
女性の味方のハーブ

▶クラリーセージの花

アロマオイルが人気のクラリセージは、高さ一メートルほどまで成長する大型のハーブだ。クラリは「浄化」を意味し、洗眼する際にクラリセージの種子の粘液を用いていたことに由来する。

精油にはエストロゲンに似た成分が含まれているため、生理痛や月経前症候群といった女性特有の不調の改善に効果があるといわれている。また、腹部の張りや消化不良などにも用いられる。ほんのりと甘く紅茶のような香りは緊張や不安を和らげ、気分を落ち着かせてくれ、その香りを利用して石けんや化粧品の香料としても用いられている。陶酔効果があるとされ、一七世紀のイギリスでは、ビールの原料になるホップに代用されていたという。

ABOUT THE HERB

学名 *Salvia sclarea*

分類 シソ科／二年草

和名 オニサルビア

原産地 ヨーロッパ～中央アジア

草丈 30cm～1m50cm

使用部分 葉、花

用途 美容健康など

効能 鎮静、鎮痛、生理不順改善、PMS・更年期障害の緩和、毛髪促進など

美容・健康

効能（精油）

- 婦人科系の症状緩和
- 肌荒れ、ニキビ
- 抜け毛予防

体の内外の症状に

髪や肌の症状を抑え、血行を促進して冷え性や肩こり改善の効果が期待できる。

※妊娠中、生理中、飲酒時の使用を避ける

▲クラリーセージの精油

育て方

育てやすさ：★★★★★

- 日当たりと水はけの良い土を好む
- 高温多湿が苦手なので、風通しを良くする

CRESSON

クレソン

ピリッとした辛味が特徴の肉料理に欠かせないハーブ

▲水辺に群生するクレソン

▶クレソンの葉

ヨーロッパを原産とするクレソンは、旺盛な繁殖力を持ち、現在は世界各地の水辺に群生している。和名の「オランダガラシ」とは、明治時代にオランダから渡来したことに由来しており、当時は在留外国人用の野菜として栽培されていた。

　特徴である爽やかな香りと辛味は、ダイコンやワサビにも含まれるイソチオシアネートによるもの。血液の酸化防止や肉の脂肪分解、食欲増進、食中毒の予防などに効果があることから、肉食文化圏では、肉料理の付け合わせに欠かせない香味野菜として知られる。

　また、カルシウムなどのミネラルやビタミンも豊富に含み、ヨーロッパでは古くから薬草としても利用されてきた。

料理

▼ハンバーガーの付け合せに

食欲を増進させるピリッとした辛味

欧米では、ステーキやソテーの付け合わせに欠かせないハーブとして知られる。また、サラダや、ピューレ状にしてスープやソースにして食べるのが一般的。日本料理の場合は、おひたし、天ぷらのほか、味噌汁にしても美味。

育て方

育てやすさ：★★★★★

- 水耕栽培に向いており、弱アルカリ性の水でよく育つ
- 冷涼な気候を好むため、夏は水温に注意する

	1	2	3	4	5	6	7	8	9	10	11	12
種まき			●	●					●			
花期				●	●							
収穫			●	●	●	●	●	●	●	●	●	●

ABOUT THE HERB

学名	*Nasturtium officinale*
分類	アブラナ科／多年草
和名	オランダガラシ、ミズガラシ
原産地	ヨーロッパ
草丈	30〜90cm
使用部分	葉、茎
用途	料理、お茶など
効能	抗酸化作用、貧血予防、消化促進、強壮、解毒、食欲増進など

CLOVE
クローブ

ア
カ
サ
タ
ナ
ハ
マ
ヤ
ラ
ワ

バニラに似た香りと味を持つ釘の形をしたつぼみ

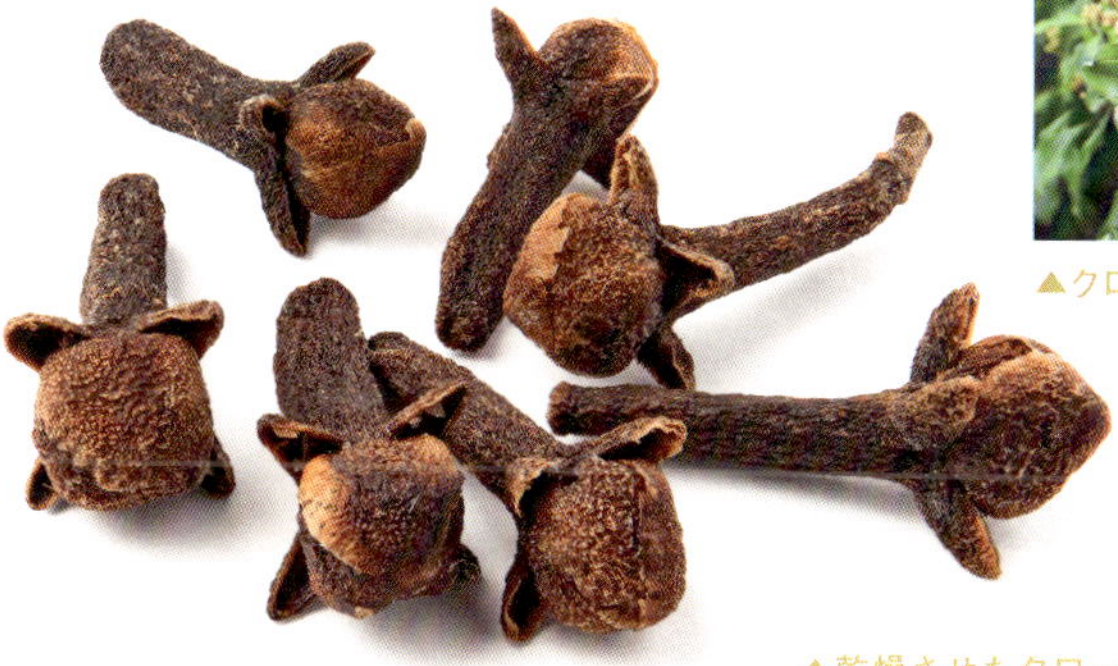

▲乾燥させたクローブのつぼみ

▲クローブの花

開花前のつぼみを乾燥させて使う珍しいハーブで、バニラのような甘い芳香が特徴。つぼみが釘に似た形をしていることから、「丁」の字を使って「丁子《ちょうじ》」とも呼ばれる。インドや中国では、紀元前から殺菌や消毒に用いられてきた。ヨーロッパでは、オレンジなどの果物にクローブを刺しシナモンをまぶして乾燥させたポプリ「フルーツポマンダー」を作り、魔除けや幸運のお守りとして使用する風習がある。

鎮痛・抗菌作用に優れ、歯科でも局所麻酔などに利用される。また、漢方では芳香健胃剤として用いられており、おなかを温めて消化を促進して胃腸を整え、吐き気を抑えるといわれている。

ABOUT THE HERB

学名　*Syzygium aromaticum*
分類　フトモモ科／常緑小高木
和名　チョウジ、チョウコウ
原産地　インドネシア
草丈　5〜10m
使用部分　つぼみ
用途　料理、お茶、美容健康、クラフトなど
効能　殺菌、鎮痛、消化促進、防腐など

料理

肉の臭み消しに

ヨーロッパでは、肉の臭み消しや香り付けとして、ソーセージやシチューなどの肉料理に使用されるのが一般的。ハンバーグやミートボールにクローブパウダーを加えると、スパイシーな味わいになる。ハムの表面に格子状に切り込みを入れてクローブを差し込み、オーブンで焼くローストハムもある。フルーツやハチミツを使った甘いソースと合わせて食べるのがおすすめだ。

※妊娠中、授乳中の使用を避ける

▲クローブを挿したハムのオーブン焼き

育て方

育てやすさ：☆☆☆☆☆

家庭での栽培には向かない

SHELL GINGER

ゲットウ

▶貝のような形が特徴のゲットウの花

沖縄の郷土料理の名脇役

日本では沖縄と九州南部で多く栽培されている。名前の由来は諸説あり、台湾の地名で漢名の月桃の読みから取ったという説や、つぼみが桃のような形をしていることから名づけられた説などがある。沖縄では、長さ四〇〜七〇センチほどあるゲットウの葉で「ムーチー」を包んで蒸す。このほかにも沖縄でよく食べられているまんじゅうを蒸すときに使用されている。

葉から取った油は、甘い香りを放ち香料やアロマオイルに利用する。リラックス効果や集中力増加の効果が期待できるほか、虫よけや防虫剤としても効果がある。さらに、ゲットウの果実にはポリフェノールが豊富に含まれており、美容効果が期待できるという。

料理

長期保存・香り付けに

ゲットウの葉には殺菌・防腐効果があるとされ、餅粉を練って蒸した沖縄料理のムーチーの長期保存に役立っている。そのほか、肉や魚を包んで蒸し焼きにするなど幅広く用いられている。

▲ムーチー

育て方

育てやすさ：★★★☆☆

- 土の表面が乾いてから、たっぷりと水を与える
- 冬は室内で育てる

	1	2	3	4	5	6	7	8	9	10	11	12
種まき				━	━							
花期					━	━	━	━				
収穫				━	━	━	━	━	━	━		

ABOUT THE HERB

学名	*Alpinia zerumbet*
分類	ショウガ科／多年草
和名	ゲットウ
原産地	東南アジア、日本
草丈	1〜3m
使用部分	葉、種子、果実
用途	料理、お茶、美容健康など
効能	ストレス緩和、健胃、消臭、整腸、防虫など

031

BLACK PEPPER/LONG PEPPER

コショウ／ヒハツ

どの料理とも合う「スパイスの王様」

▲コショウの果実

▲ヒハツの果実

インド南西部のマラバール地方を原産とするコショウは、爽快な香りと程よい辛味があり、汎用性の高さから「スパイスの王様」と称される。古代ギリシャでは薬用として、古代ローマでは金銀財宝と並ぶ貴重品として用いられていた。日本には八世紀に伝来した。

コショウと同属のヒハツもロングペッパーと呼ばれインドを原産とし、紀元前からヨーロッパに広く流通していた。どちらもピペリンという辛味成分が含まれる。インドのピクルスやアフリカ、東南アジアの料理に用いられる。アーユルヴェーダでは、ヒハツは大切な薬草の一つで、温め、代謝を促すなどの効果が期待されている。

ABOUT THE HERB

学名　*Piper nigrum*（コショウ）
Piper longum（ヒハツ）

分類　コショウ科／つる性常緑低木

和名　コショウ（コショウ）
ヒハツ（ヒハツ）

原産地　インド

草丈　2〜10m

使用部分　果実

用途　料理、健康など

効能　消化促進、食欲増進、健胃、温熱、代謝促進など

料理

万能の調味料

コショウは世界中の肉、魚、野菜料理などで使われている。臭み消しとして使う場合は料理の最初または途中で、風味を生かしたいなら料理の最後に加える。ヒハツもコショウと同じように使用できる。

▲コショウのホールとパウダー

育て方

育てやすさ：★★☆☆☆

- 年間を通して10℃以上の気温を保つ
- つるが成長したら、支柱を立てる

COMMON SAGE

コモンセージ

抗酸化作用に優れた「不老長寿のハーブ」

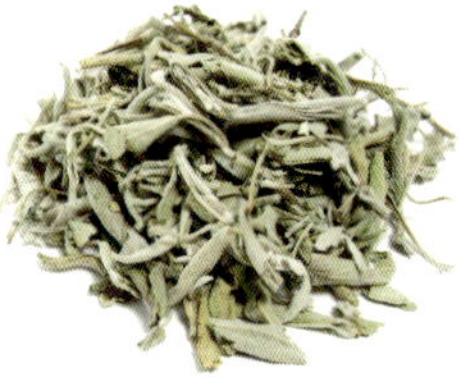

▲乾燥させた葉

◀ベルベットのような手触りの葉が特徴

その名前に「賢明な」、「思慮深い」という意味を持つセージ。抗酸化作用や強壮作用に優れていることから、古代ギリシャ・ローマ時代から薬用や儀式の際に使用されていた。

一世紀頃には、原産地である地中海からイギリスに伝わり、さらにアメリカ大陸へと渡ると、先住民たちも生薬としてセージを使うようになった。また、ヨーロッパのことわざには「セージを植えれば老いることなし」、古いアラビアのことわざには「庭にセージを植えている者が、どうして死ぬことができようか」とあるように、不老長寿のハーブとしても広く知られていた。

セージは料理にも広く使われるが、主に使用されているのがコモンセージと呼ばれる種類だ。乾燥させた葉は生の葉よりも香りが強く、優れた消臭効果があり、古くから肉の保存などに利用されていた。そのため、セージがソーセージの語源となったという説もある。また、油っぽさを抑える効果もあるとされているので、油を多く使う肉料理や魚料理に適しており、特にハンバーグやソテーにぴったりだ。

ABOUT THE HERB

学名　*Salvia officinalis*
分類　シソ科／常緑小低木
和名　ヤクヨウサルビア
原産地　地中海沿岸
草丈　30〜80cm
使用部分　葉、花
用途　料理、お茶、美容健康、クラフトなど
効能　殺菌、更年期障害の改善、消化促進、抗炎症、収れんなど

ハーブティー

歴史あるハーブティー

17世紀にアジアから紅茶が輸入されるまで、ヨーロッパで日常的に愛飲されていたセージ。少し苦味があるが、お茶にすると非常にマイルドになる。

効能

精神疲労を改善し、やる気と集中力を高めるほか、生理不順や更年期障害など、女性特有の症状を和らげる効果が期待されている。

※妊娠中は過度な飲用に注意する

▶セージティー

RECIPE

ドライセージの葉（大さじ1/2〜1）をポットに入れて熱湯を注ぎ、2〜3分待つ。事前に乳鉢ですりつぶすとより香りを引き出せる。

▲セージと一緒に香ばしく焼き上げたポークソテーにマッシュポテトを添えて

乾燥させて保存

使い切れなかったセージは、風通しの良い室内などで1〜2週間ほど乾燥させ、乾燥剤を入れた密閉容器に保存する。冷凍する場合は、生葉を細かく刻んだものにオリーブオイルを少量混ぜ、小分けにしておくと使いやすい。

料理

ソーセージには欠かせないハーブ

肉料理に使うことが多いセージ。油や肉の臭みを取るので、油を多く使う料理や、ラム肉、内臓系の食材にも適している。なかでも豚肉との相性は抜群で、ソーセージには欠かせないハーブとして有名だ。ただし、非常に香りが強く、少量でもしっかりと香りが付くため、使用量には注意すること。

（左）セージで香り付けしたバターソースはラビオリと相性抜群（右）セージとベーコン、ガーリックを挟んだジャガイモのホイル焼き

育て方

育てやすさ：★★★★★

注意点

- 水はけと日当たりが良く、栄養豊富な土で栽培する

◀サルビアに似た美しい花を咲かせる

美容・健康

効能（精油）

- 衰弱、神経疲労
- 生理不順、更年期障害
- 気管支炎、風邪の諸症状
- 食欲不振

▲セージの石けん

上級者向けの精油

▼セージの精油

鋭くクリアな香りのセージ。刺激が強いので、精油としてはクラリセージの方が一般的。気分が落ち込んでいるときや、勉強や仕事の合間に使うと気分をリフレッシュさせてくれる。

※妊娠・授乳中の使用を避ける。肌への使用を避ける。

033

CORIANDER

コリアンダー

独特の芳香を持つ
タイ料理には欠かせない薬味

◀コリアンダーの花

▲種子（果実）はコリアンダーシードと呼ばれている

▲コリアンダーの葉

近年、エスニック料理店が増えたことで日本でもよく見かけるようになったコリアンダー。タイ語では「パクチー」、中国語では「シャンツァイ（香菜）」などさまざまな呼び名があり、香味野菜として利用されている。ただし、その独特の風味によって好き嫌いが大きく分かれ、カメムシの香りに例えられることもある。日本には江戸時代にポルトガル人によって伝えられ、和名である「コエンドロ」という名が付けられた。

コリアンダーの歴史は古く、紀元前一五〇〇年頃の古代エジプトで種子を薬用や食用に用いた記録が残されているほか、古代ギリシャや古代ローマでは、化粧品や酒の成分などにも利用されていた。

コリアンダーの葉は、東南アジアや中国、インド、中南米、ポルトガルなどで薬味として広く用いられている。

また、葉や茎とは異なり、種子（果実）は甘く爽やかで柑橘系のような香りを持つ。欧米ではピクルスやお菓子、ビールなどの香り付けに使われ、クッキーやフルーツケーキなどの焼き菓子にも合う。インドではカレーに欠かせないスパイスの一つになっている。

ABOUT THE HERB

学名　*Coriandrum sativum*
分類　セリ科／一年草
和名　コエンドロ、カメムシソウ
原産地　地中海沿岸
草丈　40～60cm
使用部分　葉、根、種子（果実）
用途　料理、お茶、美容健康など
効能　抗菌、鎮痛、口臭予防、駆虫、消化促進、整腸、鎮静、健胃、解毒、など

ハーブティー スパイシーな味と香り

お茶に使われるのは種子の部分で、味は葉よりもクセがなく、スパイシーでさっぱりとした味わい。

効能

緊張をほぐしたり、消化を助けて胃もたれを改善する働きがある。また、抗菌作用もあるので食後の口臭や食中毒予防にもおすすめだ。

RECIPE

軽くつぶした種子(小さじ2)をポットに入れて熱湯を注ぎ、フタをして5分蒸らす。

※妊娠・授乳中の飲用を避ける

▶コリアンダーのミルクティー

その他のアレンジ

牛乳と紅茶を合わせてチャイ風のミルクティーにしてもおいしい。

鍋で水(150cc)を沸かしてコリアンダーシード(小さじ1/2)を20秒ほど煮立て、火を止めて紅茶(小さじ1)を入れたら、フタをして2分ほど蒸らす。牛乳(150cc)を加えて沸騰しないように温め、茶こしでこしてお好みでハチミツなどを入れて出来上がり。

▲バゲットに肉や野菜、コリアンダーの葉を挟んだベトナム風サンドイッチ

料理 本格エスニック料理に

日本国内でもスーパーなどで手軽に入手しやすくなったコリアンダー。生のまま薬味と同じように使うことができるので、家庭でも本格的なエスニック料理に挑戦してみよう。

東南アジア料理に

タイ料理やベトナム料理には、コリアンダーの生葉をそのまま添えるとより本格的な味に。タイ料理ではトムヤムクンなどのスープや、春雨サラダ「ヤムウンセン」などの仕上げに最適。ベトナムでは、生春巻きやフォー、「バインミー」と呼ばれるベトナム風サンドイッチの具によく用いられている。

メキシコ料理に

メキシコ料理ではコリアンダーの葉がスープやソースなどに広く用いられる。代表的な料理が、アボカドとトマト、タマネギ、ガーリック、ライム果汁、コリアンダーを石うすで混ぜ合わせて調味した「ワカモレ」だ。トルティーヤチップスやタコスはもちろん、サラダや肉料理に添えてもおいしい。

▶メキシコの代表的なサルサ(ソース)のワカモレ

育て方

育てやすさ：★★★★☆

	1	2	3	4	5	6	7	8	9	10	11	12
種まき			―	―					―	―		
花期						―	―					
収穫			―	―	―	―	―	―	―	―		

注意点

- 移植を嫌うので、鉢や花壇にじかに植える
- 土を乾燥させないようこまめに水やりを行う

▶葉が生い茂ってきたら、若い葉から収穫して使う

美容・健康

▼コリアンダーシードの精油

効能

- 消化促進
- 健胃
- リラックス
- 抗菌、消臭

ルームフレグランスに

抗菌作用があるため、手作りのスプレーに加えると部屋の消臭効果が期待できるほか、スパイシーな香りでやる気や集中力を高められる。

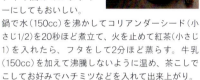

SAFFLOWER

サフラワー

古来から染料に利用された鮮やかな赤い花

▶サフラワーの花

▼乾燥させた花

花弁から赤い染料が採れる。紀元前に築かれた古代エジプトの遺跡からサフラワーで染められた布が発見されるなど、長い歴史を持つハーブだ。

日本には四～六世紀頃にシルクロードを経て渡来しており、平安時代には千葉県で、江戸時代には山形県や埼玉県で盛んに栽培されていた。和名では「ベニバナ（古名は末摘《すえつむ》花《はな》）」という名前で親しまれている。

伝来当初から重要な染料の一つとして、口紅や食紅、織物の染料として広く使用されたが、明治時代以降は中国産が盛んに輸入されたことで、国内での生産が急速に衰退。紅花染めや観光用としてわずかに栽培されるのみとなった。

近代に入ると、サフラワーの種子から油が抽出されるようになり、日本では一九六〇年頃から食用のサラダ油として販売が開始された。これらはサフラワーオイルや紅花油と呼ばれ、マーガリンの原料としても用いられている。サフラワーオイルには、コレステロール値を下げるリノール酸が多く含まれていることから、健康面においても注目されている。

ABOUT THE HERB

学名　*Carthamus tinctorius*
分類　キク科／一年草または越年草
和名　ベニバナ、スエツムハナ
原産地　エジプト
草丈　70cm～1m
使用部分　花、種子
用途　料理、お茶、健康、クラフト、染料など
効能　生理痛軽減、貧血予防、冷え性改善、更年期障害改善など

ア
カ
サ
タ
ナ
ハ
マ
ヤ
ラ
ワ

ハーブティー　女性におすすめのハーブ

甘味と柔らかい香りが気持ちをリラックスさせてくれるオレンジ色のハーブティー。

効能

生理痛や生理不順、貧血、冷え性、更年期障害など、女性特有の症状の緩和に効果がある。

※妊娠中の飲用は厳禁

RECIPE

乾燥させたサフラワーの花（大さじ1/2〜1）をポットに入れて熱湯を注ぎ、フタをして2〜3分蒸らす。

▲サフラワーティー

料理　ヘルシーなサフラワーオイル

サフラワーの種子から抽出されるサフラワーオイルには、ビタミンE、リノール酸、オレイン酸といった不飽和脂肪酸が多く含まれていて、コレステロールの代謝を正常にするため、動脈硬化の治療薬などにも用いられるヘルシーな油。無味無臭で使い勝手が良いのもうれしい。

◀サフラワーオイル（紅花油）

▼サフラワーの種子

▲種子は鳥のエサとしても利用されている

サフランの代用に

花をぬるま湯や水に漬けて抽出した黄色い抽出液は、サフランを使う料理（サフランライスやパエリアなど）であれば何でも代用が可能。サフランに比べて苦味があるものの、値段は格段に安いため、気軽に利用できる。

クラフト　漢方薬として

乾燥させたサフラワーの花は、漢方では「紅花（こうか）」と呼ばれ、血行促進作用がある生薬として人気が高い。紅花は薬用酒などにも含まれているほか、体のツボなどの部位に塗る火を使わないお灸の一種「紅灸（べにきゅう）」に利用されている。ただし、生薬としては、妊娠中の使用は厳禁。

◀漢方薬の原料となる乾燥花

育て方

育てやすさ：★★★★☆

▼収穫の目安は花色が黄から赤に変わる頃

	1	2	3	4	5	6	7	8	9	10	11	12
種まき			—	—				—	—			
花期						—	—				—	—
収穫						—	—				—	—

注意点

- 日当たりと風通しの良い場所で栽培する
- 秋まきの方が株が大きく花付きが良い

035

SAFFRON

サフラン

手作業でひとつひとつ
摘み取られる
高価なスパイス

▼サフランの雌しべ

▲サフランの花

西南アジアや地中海沿岸を原産とするサフランは、アラビア語で「黄色」を意味する「ザファラーン」が語源となったなど諸説ある。古代インドではスパイスとして、古代ギリシャや古代ローマでは香水の原料として重宝されたほか、古代エジプトでは、クレオパトラが愛用した化粧品にも使用されていたという。現在でも香辛料、染料、香料、薬用に使われている

　日本へは江戸時代末期、南蛮貿易によってもたらされ、明治時代後半からは全国で生産されるようになった。現在は、大分県竹田市で国内総生産のほとんどが栽培されている。世界的な生産地としては、主にイラン、スペイン、ギリシャなどで栽培が盛んだ。

　古代より、サフランのスパイスは雌しべを乾燥させて作られるのだが、この雌しべを一キロ収穫するためには数万個もの球根が必要となる。そのため、一グラムあたりの価格が五〇〇〜一〇〇〇円程度と、非常に高価なハーブとしても知られている。それでもなお、サフラン特有の風味と色は人気が高く、主に地中海沿岸の料理には欠かせないスパイスとなっている。

ABOUT THE HERB

学名　*Crocus sativus*
分類　アヤメ科／多年草
和名　サフラン、ヤクヨウサフラン
原産地　西南アジア、地中海沿岸
草丈　10〜20cm
使用部分　花（雌しべ）
用途　料理、お茶、美容健康、クラフト、染料など
効能　鎮静、鎮けい、通経、血行改善など

育て方

雌しべの摘み取り作業(左)とサフラン畑(右)

育てやすさ：★★★★☆

	1	2	3	4	5	6	7	8	9	10	11	12
植付け								―	―			
花期										―	―	
収穫										―	―	

注意点

- 日当たりと水はけが良い場所を選ぶ
- 球根の植付け後は乾燥気味に管理する

料理　食欲をそそる鮮やかな色と独特の香り

▲イランでチャイを飲む際に使われるサフラン入りの砂糖「サフラン・ナバット」

独特の香りは魚介類によく合い、水に溶かすと鮮やかな黄色になる。フランス・プロヴァンス地方の名物料理ブイヤベースや、スペイン料理のパエリア、イタリア料理のミラノ風リゾット、モロッコ料理のクスクス、インド料理のサフランライスなど、主に地中海沿岸の料理には欠かせないスパイスとなっている。

※妊娠中は使用を控える

▼生地にサフランを練り込んだスウェーデンのパン「ルッセカッテ」

▲スペイン料理の代表格「パエリア」

▼鶏肉、サフラン、ヨーグルト、米を合わせて作るペルシャ料理「タッシン」

パーティや記念日に

サフランは非常に高価なスパイスなので、産地であっても祝祭日や記念日など、特別な日の料理に使用されることが多い。たとえば、豆やトマトを煮込んだモロッコの伝統的なシチュー「ハリラ」は、イスラム教の儀式として断食を行うラマダーン明けに必ず食べられる料理。いつもはサフランの代わりにターメリックなどを使う家庭が多いが、ラマダーン後はぜいたくにサフランを使用するのだそう。

◀モロッコの伝統的なシチュー「ハリラ」

036

JAPANESE PEPPER

サンショウ

日本人に古くから親しまれてきた小粒で刺激的な香辛料

▲乾燥させたサンショウの実

◀サンショウの実

ピリッとしびれるような刺激的な辛味を持つサンショウは、ミカン科サンショウ属の低木である。縄文時代の遺跡から出土した土器からサンショウの実が発見されるなど、日本では古くから香辛料や薬用に利用されてきた。

熟した実の皮を乾燥粉末にした粉山椒は、ウナギの蒲焼きの臭味消しや七味唐辛子の材料に用いられる。若芽や花、果実も食用が可能で、郷土料理に使われることが多い。樹皮および果皮は漢方に用いられ、食欲不振や消化不良の改善効果が期待される。

伝統的に鎮痛、駆虫にも用いられ、ハチに刺された時は葉をもんでつけると痛みが和らぐとか。中国ではサンショウの同属別種である花椒《かしょう》が使われる。

料理

食欲が増す爽やかな辛味

サンショウの若葉を指す木の芽は、ちらし寿司などに彩りと香りを加えるために用いられる。実をすりつぶした粉サンショウは、油分の多い料理に使うとさっぱりとした仕上がりになる。

▲サンショウをかけた麻婆豆腐

育て方

育てやすさ：★★★☆☆

- 水はけが良く、栄養豊富な土で育てる
- 根の張りが浅いので夏場の乾燥に注意する

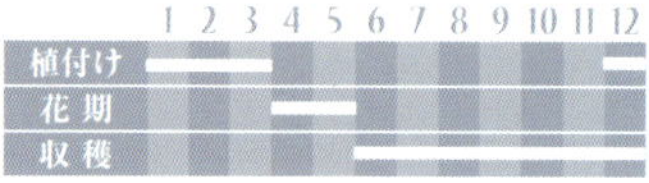

ABOUT THE HERB

学名	*Zanthoxylum piperitum*
分類	ミカン科／落葉低木
和名	サンショウ、ハジカミ
原産地	日本、中国、朝鮮半島
草丈	2~5m
使用部分	葉、花、果実、果皮
用途	料理、健康など
効能	健胃、鎮痛、駆虫、発汗など

037

CINNAMON

シナモン

お菓子や紅茶を引き立てる
神秘的でエキゾチックな香り

▼樹皮を棒状に丸めたシナモンスティックと、シナモンパウダー

▲シナモンの葉

甘くエキゾチックな香りが特徴のシナモンは、世界最古のスパイスの一つで、古代エジプトではミイラの防腐剤や儀式などに用いられてきた。

香辛料としてのシナモンは、セイロンニッケイまたは、シナニッケイの樹皮から作られ、洋菓子や飲料の風味付けに、また、精油などに使われる。日本には八世紀頃に乾燥したものが伝わり、正倉院宝物の中に奉納されている。なお、シナモンに良く似たニッキは日本産のニッケイのことを指し、根皮を乾燥して作られたものだ。

生薬名を「桂皮《けいひ》」といい、薬効の幅が広いことから多くの漢方薬に配合されている。体を温めて新陳代謝を促進する作用があるため、風邪予防にも期待されている。

ABOUT THE HERB

学名	*Cinnamomum verum*
分類	クスノキ科／常緑高木
和名	セイロンニッケイ
原産地	中国、インド、スリランカ
草丈	3～15m
使用部分	樹皮
用途	料理、お茶、健康、クラフトなど
効能	抗菌、発汗、消化促進、風邪の症状緩和、健胃など

料理

デザートや飲み物に

ジャムやパイ、ケーキやドーナツなどに加えると香りが良くなる。デザートのトッピングとしても使用され、そのままでは苦味があるため、砂糖を加えてシナモンシュガーにすると食べやすくなる。カレーや肉料理にも用いられるほか、シナモンスティックをマドラー代わりにして、カプチーノや紅茶などに添えると風味が増す。

※妊娠中の使用を避ける

▲シナモンロール

育て方

育てやすさ：☆☆☆☆☆

- 日本での栽培には向かない

038

SHISO

シソ

和食に欠かせない
日本で最も身近なハーブ

▲未熟成の実を付けた穂は「穂じそ」と呼ばれ、薬味に使われる

◀青ジソの葉

料理の薬味や梅干しなど、日常的に目にする日本を代表するハーブの一つ。中国では生薬として古くから用いられており、日本では平安時代から栽培が始まったとされている。シソの品種は数多く存在しており、葉や茎が紫色の「赤ジソ」、緑色の「青ジソ(大葉)」、葉が縮れている「チリメンジソ」、韓国料理などに使われる「エゴマ」などがポピュラーだ。

清涼感のある芳香を全草に持つため、食欲増進や殺菌・防腐効果があることから、葉や花穂を刺身・寿司などの薬味として利用することが多いが、野菜として天ぷらや漬物にして食べるのもおすすめだ。

漢方では熟した果実は「蘇子《そし》」と呼ばれており、せきやぜんそく、便秘などの治療に用いられている。乾燥させた赤シソの葉は「蘇葉《そよう》」と呼ばれ、イライラなど自律神経の乱れを整える生薬として知られている。近年では、赤ジソの葉に多く含まれるロズマリン酸というポリフェノールの一種に、免疫反応を正常に保って、花粉症などのアレルギー症状を改善する効果が期待できるとして、健康食品などにも利用されている。

ABOUT THE HERB

学名　*Perilla frutescens*
分類　シソ科／一年草
原産地　中央アジア
草丈　60cm〜1m
使用部分　葉、花穂、果実
用途　料理、お茶、健康など
効能　食欲増進、利尿、発汗、鎮咳、健胃、精神安定、抗菌、抗アレルギーなど

ハーブティー　風味が良く飲みやすい

シソのハーブティーは、生の葉でも乾燥させた葉でも作ることができる。味はさっぱりとして飲みやすく、赤ジソの方が薬効が高い。

▶赤ジソのジュース

効能

発汗作用や食欲増進、リラックス効果があるため、風邪や緊張をほぐしたいときにおすすめ。爽やかな青シソの香りが心を緩める。

RECIPE

緑茶に生の青シソ1枚をポットに入れて熱湯を注ぎ、フタをして2～3分ほど蒸らす。

その他のアレンジ

赤ジソとレモンを合わせ、爽やかな酸味のジュースに。

作り方は、鍋に湯（1ℓ）を沸かし、洗って水気を切った赤ジソ（500g）を入れる。アクを取りながら5～10分ほど煮出し、葉が緑色に変わったら葉を絞って取り出す。残った煮汁に砂糖やハチミツ（100g）を加え、火を止めてレモン果汁（50ml）を入れる。水や炭酸水で割るとおいしい。

料理　和食以外にも幅広く使える

薬味や刺身のツマとしてよく使われているが、バジルのように細かく刻んでパスタに混ぜたり、サラダや肉料理など、幅広い料理に応用できる。農薬や虫が付いている場合があるので、調理の前には水にしばらくつけ置き、流水でこすりながら洗うとよい。

▶赤ジソとナスを漬け込んだ柴漬け

◀青ジソの葉の天ぷら

赤ジソは漬物に

青ジソに比べると料理に使う頻度が少ない赤ジソだが、酸が加わると鮮やかな赤色が出てくるため、色と香りを生かして梅干しやナス・キュウリの柴漬けに。また、葉をそのまま塩漬けにするとおにぎりの海苔の代わりになる。

油や肉を使った料理に

清涼感のある青ジソは麺類や刺身の薬味のほか、揚げ物やギョウザなどのこってりした料理にもよく合う。

このほか、エゴマの葉も肉や魚の生臭さを軽減することから、韓国料理では鍋物や焼肉、漬物にして食べられている。

▶エゴマの葉を入れた韓国のカムジャタン

育て方

育てやすさ：★★★★★

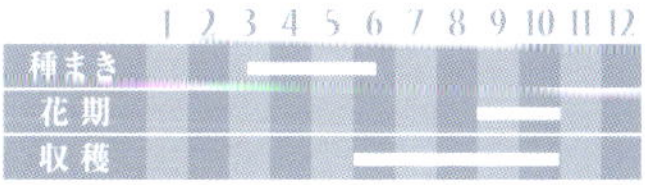

◀葉が硬くなるため、直射日光に当てすぎないこと

注意点

- 30cmほどに成長したら新芽を摘んでおくと脇芽が出てきて多くの葉が収穫できる
- 乾燥が苦手なため、水やりをなるべく切らさない
- 虫が付きやすい場合は、防虫ネットなどをかけておく

039

GINGER

ジンジャー

温熱効果と殺菌効果に優れた暮らしに欠かせないハーブ

▼ジンジャーの根茎

▶地上部分は細長く成長する

「ショウガ」として、日本食に欠かせない香辛料。食用や生薬として利用されている、最も身近なハーブの一つだ。その起源は古く、紀元前三〇〇〇～五〇〇〇年にはすでにインドで食されており、中国でも紀元前四八〇年頃の記録が確認されている。また、日本には二～三世紀に中国から伝わり、「古事記」にも記述が残されている。

東南アジアでは、サンスクリット語で「スリンガヴェラム」と呼ばれていた。その後、次第に変化しながら地中海へ渡り、イギリスで「ジンジャー」と呼ばれるようになった。

主に利用するのは根茎で、味のアクセントとしてはもちろん、殺菌作用の強いジンゲロンやショウガオールといった成分が含まれているため、肉や魚の臭い消しにも使われる。寿司に添えられているガリは、そういった殺菌成分を有効活用した一例だ。

乾燥させた根茎は「生姜《しょうきょう》」と呼ばれる生薬として、多くの漢方薬に用いられている。発散作用、健胃作用などがあるとされ、特に寒気を伴う風邪の初期症状や、おなかの冷えによる消化機能の低下を改善するのに役立っている。

ABOUT THE HERB

学名 *Zingiber officinale*
分類 ショウガ科／多年草
和名 ショウガ
原産地 熱帯アジア
草丈 60cm～1m
使用部分 葉、根茎
用途 料理、お茶、美容健康など
効能 血行促進、鎮吐、殺菌、健胃、発汗、風邪の症状緩和など

▲ジンジャーティー

ハーブティー　甘味を加えて

ピリッとした辛味が特徴で、レモンやハチミツを加えると飲みやすい。

効能

日本では、古くから風邪のときにショウガ湯を飲む習慣があるように、体を温め、吐き気を抑える効果で知られる。

RECIPE

乾燥したジンジャー（大さじ1/2～1）をポットに入れて熱湯を注ぎ、2～3分待つ。

その他のアレンジ

料理で余ったジンジャーの皮も利用可能。紅茶の茶葉とジンジャーの皮をポットに入れて熱湯を注ぎ2～3分待ち、茶こしでこせば出来上がり。

※妊娠中の飲用を避ける

料理　料理を引き立てる独特の風味

日本料理や中華料理では、魚や肉の臭い消しとしても多用されるジンジャー。このほかにも、煮物、炒め物、スープに加えて独特の風味を生かしている。また、砂糖やハチミツなどにもよく合うことから、デザートにも用いられる。

※妊娠中の使用を避ける

▶ジンジャーの砂糖漬け

西洋風のアレンジで

アジアでは生の状態で使うことが多いが、欧米では乾燥させた粉末などを用いることが多い。特に、クリスマスに欠かせないジンジャークッキーは、「ジンジャーブレッドマン」と呼ばれる人型に焼かれ、クリスマスツリーの飾り付けにも使用される。

◀ジンジャーブレッドマンとクリスマスのデコレーションクッキー

▲ジンジャークッキー

育て方

育てやすさ：★★★☆☆

	1	2	3	4	5	6	7	8	9	10	11	12
植付け				━	━							
花期								━	━	━		
収穫							━	━		━	━	

注意点

- 日当たりが良く、保湿性のある所で育てる
- 低温と乾燥に気を付ける

◀インドのジンジャー畑

美容・健康

効能

- 神経衰弱、神経疲労
- 風邪、インフルエンザ
- 吐き気、乗り物酔い
- 筋肉痛、関節炎

◀ジンジャーの石けん

スキンケアに

ジンジャーの精油は、血行や代謝が悪くなった肌にも効果的。寒い日の入浴に使うほか、スキンケアグッズを手作りするのもおすすめだ。ただし、刺激が強いので十分に薄めて使うこと。

▶ジンジャーの精油

SWEETLEAF

ステビア

「聖なる草」と崇められる
自然の甘味料

▲かむと甘い味がする
ステビアの葉

パラグアイの先住民であるグアラニー族によって「聖なる草」と崇められてきたハーブで、砂糖の約三〇〇倍の甘味度を持つとされる。グアラニー族はステビアを甘味料として使用するだけでなく、高血圧、胸焼け、尿酸値を低下させるなど、医療目的で使用していたという。現在、日本では、少量で十分な甘みがつくため、摂取するカロリーがほとんどなく、主にダイエット食品や九州で使われる甘めの醤油などに使用されている。

生の葉は独特の青臭い風味があるため、乾燥させるほか、煮出してシロップにするなど加工して使うことが多い。甘味料としてだけでなく、茎の部分を使い健康飲料や化粧品への応用もされている。

ハーブティー

ステビアの茶葉は小さじ1/3杯程度で十分甘味がつくので、ほかのハーブティーの甘味づけに。

※キク科アレルギーがある場合は摂取しないこと

効能

健胃、二日酔い、精神疲労などに効果が期待されている。

▲ステビアを使った甘味料

育て方

育てやすさ：★★★☆☆

- 日当たりが良く、真夏は風通しの良い場所が最適
- 土の表面が乾いたらたっぷり水を与えるとよい

ABOUT THE HERB

学名　*Stevia rebaudiana*
分類　キク科／多年草
和名　ステビア
原産地　南アメリカ
草丈　50cm〜1m
使用部分　葉、茎
用途　料理、お茶、美容健康など
効能　健胃、血糖値コントロール、二日酔い、精神疲労など

041

SAVORY

セイボリー

豆料理に欠かせない「豆のハーブ」

▲サマーセイボリー

▲ウィンターセイボリー

およそ三〇もの種類を有するセイボリー。なかでも、一年草のサマーセイボリーと多年草のウィンターセイボリーがハーブとして広く利用されている。どちらも古代ギリシャ・ローマ時代から栽培されており、中世になると、ヨーロッパでは料理用ハーブとして盛んに使われるようになった。

　肉や魚の臭い消しとして活用できるほか、とりわけ豆料理との相性が良い。また、辛味とほろ苦さを持ち合わせているため、味のアクセントにも最適だ。こうした料理用スパイスとしてセイボリーを使用する際には、ウィンターセイボリーよりも芳香が強いサマーセイボリーの方が人気が高く、一般的である。

ABOUT THE HERB

学名　*Satureja hortensis*（サマー）
Satureja montana（ウィンター）

分類　シソ科／一年草（サマー）
多年草（ウィンター）

和名　キダチハッカ（サマー）

原産地　地中海沿岸

草丈　10〜60cm

使用部分　葉、花、茎、種子

用途　料理、お茶、美容健康、クラフトなど

効能　消化促進、健胃、整腸、強壮など

料理

豆料理や肉の消臭に

独特の強い芳香とコショウに似た辛味、ほろ苦さが豆料理の味を引き立てることから、ヨーロッパでは「豆のハーブ」と呼ばれ、あらゆる豆料理に使われる。若葉は料理の飾り付けとして、スープやソーセージなどに添えることも。生または乾燥葉を漬け込んで作るビネガーもおすすめだ。

▲肉料理の臭み消しに

育て方

▼ウィンターセイボリーの場合

育てやすさ：★★★★☆

- 日当たりの良い場所を好むが、半日影でも十分に育つ

	1	2	3	4	5	6	7	8	9	10	11	12
種まき				━	━				━	━		
花期							━	━	━			
収穫					━	━	━	━	━	━		

042

WATER DROPWORT

セリ

平安時代の宮廷行事に並んだ
日本古来の野草

▶セリの葉

和名の「セリ」は、まるで競い合うように群れて生える様子が由来だ。春の七草の一つで、日本では古くから食用として使用される。平安時代には宮中行事にも用いられていた。東洋では二〇〇〇年ほど前から食べられてきたが、西洋では食べる習慣がない。セリの葉や茎を乾燥させたものが「水芹《すいきん》」と呼ばれる生薬だ。伝統的に煎じて飲むことで解熱や神経痛、食欲増進などに効果があるとされている。

また、平安時代に慣用された歌語で、高貴な女性がセリを食べているのを見た下級の男が、セリを摘み思いを伝えようとしたが徒労に終わった、ということから、恋慕っても無駄なことや思い通りにならないことを「芹摘む」という。

料理

シンプルな料理や肉料理に

ごま和え、おひたし、味噌汁など、風味を生かした和食に用いられる。また、肉の臭みを消す効果があるので、鴨鍋など肉を使った鍋に向いている。根は天ぷらやきんぴらにするとおいしくいただける。

▲七草粥

育て方

育てやすさ：★★★☆☆

- 種の発芽率が悪く、苗から育てることが一般的
- 日当たりが良い環境でたっぷり水を与える

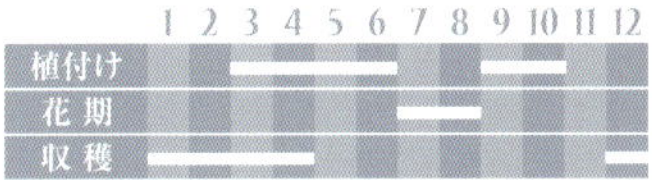

ABOUT THE HERB

学名 *Oenanthe javanica*
分類 セリ科／多年草
和名 セリ、シロネグサ
原産地 日本
草丈 20～40cm
使用部分 葉、茎、根
用途 料理、健康など
効能 貧血予防、抗酸化作用、美肌、食欲増進、解熱など

043

SCENTED GERANIUM

センテッドゼラニウム

豊かな香りで
癒してくれる
別名「ニオイゼラニウム」

◀代表的な品種のローズゼラニウム

ペラルゴニウム属の中で特に芳香のある種類の総称が、センテッドゼラニウムである。ローズ、アップル、レモン、ペパーミント、シナモンなど多くの種類があり、それぞれ香りが異なる。なかでも代表的なローズゼラニウムは、バラを思わせる香りでアロマセラピーでも広く使われている。ローズゼラニウムに含まれるシトロネラールという成分には、虫よけの効果があるといわれている。

なお、センテッドゼラニウムの由来だが、センテッドは「香りのついた」という意味。ゼラニウムはギリシャ語で鶴を意味する「geranos」からで、果実の形が鶴のくちばしに似ていることからきているといわれている。

ABOUT THE HERB

- 学名 *Pelargonium*
- 分類 フウロソウ科／多年草
- 和名 キバナスズシロ
- 原産地 南アフリカ
- 草丈 20cm～1m
- 使用部分 葉、花
- 用途 料理、お茶、美容健康、クラフトなど
- 効能 美容効果、抗菌、抗炎症、ホルモンバランスの回復、防虫など

料理

香りと彩りを添える

葉はゼリーなどのデザートに飾り付けたり、ケーキなどの焼き菓子や紅茶に香りを付けるために使われる。花は食べることができ、花びらをサラダやデザートに散らすと彩り鮮やかになる。

※妊娠中は使用を避ける

▲ヨーグルトのトッピングに

育て方

育てやすさ：★★★★★

- 日当たりと風通しが良い場所で育てること
- 鉢植えの場合、土が乾いたらたっぷり水をやる

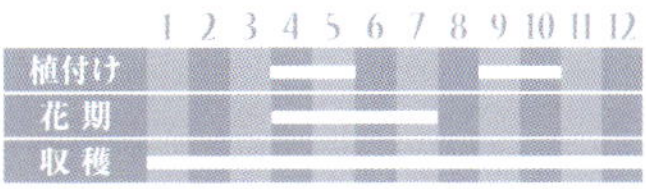

044

ST. JOHN'S WORT

セントジョンズワート

▲柑橘類に似た香りの花を付ける

沈んだ気持ちを軽くする「聖ヨハネの草」

ヨーロッパに自生する植物で、キリスト教の聖ヨハネの日(六月二四日)頃に花が咲き始め、収穫が行われていたことが名前の由来となっている。古代ギリシャ時代から民間薬として、切り傷ややけどの治療、精神を安定させるために用いられていた。

主な利用法としては、花や葉を乾燥させてハーブティーにするほか、キャリアオイルにセントジョンズワートを数週間漬け込んだ浸出油を、マッサージや日焼け後のケアに使うこともできる。

また、感情の落ち込みを改善する効果が確認されており、抗うつ薬よりも副作用が少ないことから、軽度のうつ病や不安障害の治療薬として処方する国もあるという。

ハーブティー

※妊娠中の飲用を避け、薬を服用中の人は医師に相談する

香りは少ないが、やや苦味のあるさっぱりした味。ミントやジンジャー、ルイボス茶などとブレンドしてもよい。

効能

緊張や不眠の緩和、月経前症候群(PMS)によるイライラを改善する効果が期待できる。

▶葉、花を乾燥させた茶葉

育て方

育てやすさ：★★★☆☆

- 地下茎が広がるため、鉢植えの方が管理しやすい
- 日当りと水はけの良い場所に植える

	1	2	3	4	5	6	7	8	9	10	11	12
種まき			━	━					━	━		
花期						━	━	━				
収穫						━	━	━				

ABOUT THE HERB

学名　*Hypericum perforatum*
分類　オトギリソウ科／多年草
和名　セイヨウオトギリソウ
原産地　ヨーロッパ、中央アジア、北アフリカ
草丈　30〜80cm
使用部分　葉、花、茎
用途　お茶、美容健康など
効能　抗うつ、抗菌、抗炎症、鎮静、収れん作用など

045

SORREL

ソレル

フランスで愛される
酸っぱいハーブ

▶葉は細長い矢尻のような形が特徴

▲柔らかい若葉を収穫して使う

葉に強い酸味があることから、日本では「スイバ（酸い葉）」とも呼ばれる。ヨーロッパやアジアが原産で、古代エジプト・ギリシャでは、食用のほか、薬草として利尿や解熱、やけどの治療にも使われていたという。

ヨーロッパでは、葉野菜としてさまざまな料理に用いられており、特にフランスでは、スープやサラダ、肉料理の付け合わせやソースなどに頻繁に登場し、酸味のまろやかな栽培種も流通している。また、酸を多く含む性質を利用し、葉の絞り汁を銀製品のさび取りに使うこともある。

なお、ソレルにはシュウ酸が多量に含まれており、過剰に摂取すると中毒の恐れがあり、注意が必要だ。

ABOUT THE HERB

学名　*Rumex acetosa*
分類　タデ科／多年草
和名　スイバ、スカンポ
原産地　ヨーロッパ、アジア
草丈　50cm～1m
使用部分　葉、茎
用途　料理、美容健康など
効能　解熱、利尿、収れん、便秘など

料理

料理のアクセントに

レモンのような酸味のある葉は、肉・魚料理などに少し加えると風味が増して効果的。また、刻んでサラダにトッピングするとドレッシングの代わりにもなる。

※酸性が強いため、鉄製の包丁や鍋の使用は避ける

▲ソレルとベーコン、パプリカのサラダ

育て方

育てやすさ：★★★★★

- 半日陰でよく肥えた土に植える
- 乾燥させないよう、適度な湿り気を保つ

TURMERIC

ターメリック

ア
カ
サ
タ
ナ
ハ
マ
ヤ
ラ
ワ

カレーに欠かせない
黄金色のスパイス

◀根茎部分を使用する

▲鮮やかなオレンジ色が特徴の秋ウコン

ターメリックは、カレーのスパイスや染料としてなじみ深いハーブの一種だ。この名前は、ラテン語で「素晴らしい大地」を意味する「テラ・メェリタ」に由来し、古くからさまざまな効能や滋養がある薬草として重宝されてきた。

原産地のインドでは、紀元前からすでにその薬効が知られており、約五〇〇〇年の歴史を有するインドの伝統医療、アーユルヴェーダでもターメリックが用いられている。また、冠婚葬祭の際にはターメリックで染めた黄色い衣服を着用するなど、神聖なものとしても扱われていた。

日本で薬用として広まったのは室町時代より以前とされ、その後、一七世紀半ばに琉球（現在の沖縄県）で栽培されるようになった。和名のウコンは、漢名「鬱金」の字音「ウッコン」が音変化したもの。

料理では、その独特の芳香が肉や魚の臭み消しに、辛味はスパイスに、色味は彩りにと、さまざまな用途で活用されている。加えて、近年は肝機能の症状改善の効果を期待して、パウダーやタブレットタイプ、飲酒前に飲むドリンク剤など、多くの商品がある。

ABOUT THE HERB

学名	*Curcuma longa*
分類	ショウガ科／多年草
和名	ウコン
原産地	インド、熱帯アジア
草丈	60cm～1m
使用部分	根茎
用途	料理、お茶、美容健康など
効能	肝機能促進、便秘解消、動脈硬化改善、健胃、精神高揚、血液浄化、抗酸化作用、抗炎症など

その他　ヒンドゥー教社会に欠かせない存在

ヒンドゥー教において、神聖な植物とされる。邪悪なものを近付けない魔力があると信じられており、人々が身に付けるお守りや、儀式に使われる糸などは、ターメリックで染められている。

◀乾燥させたターメリックと粉末

インドの結婚式では、古くからターメリックが重要な役割を果たしており、新郎新婦が身体にターメリックの粉末を塗り、ターメリックを火にくべて結婚を祝うという。

また、女性にとっては顔のシミを防ぐなどの美容効果があるとして、ターメリックを顔に塗り、化粧品として使用することもあるなど、食文化だけでなく生活のさまざまな場面で利用されている。

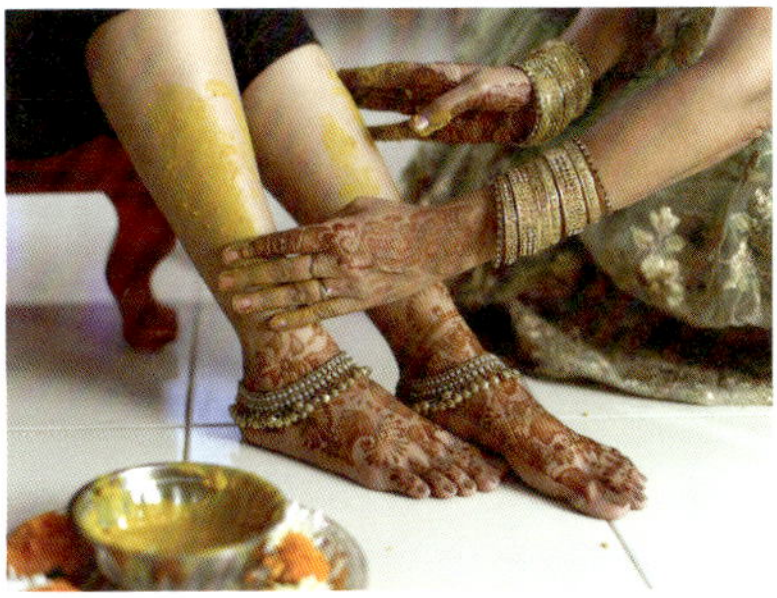

▶体にターメリックのペーストを塗る、ヒンドゥー教徒の花嫁

料理　現代医学でも認められた薬効

カレー粉の原料として欠かせない香辛料で、最も特徴的なのが料理を引き立てる鮮やかな黄色だ。この色素はクルクミンという有効成分で、胆汁分泌を促進し、肝臓の解毒作用を強化する働きがあるとして、その有効性や安全性について現在も研究されている。

▼豆腐を布で包み、ターメリックのスープで煮た中国の「黄豆腐」

熱帯アジアの料理に大活躍

料理としては、インド料理やタイ料理をはじめとする熱帯アジアの食文化に欠かせない存在。魚、米、牛肉、鶏肉、フライや炒め物にもよく合い、ソース、マスタードのほか、バター、チーズ、シチュー、スープ、ドレッシング、ピクルスなど幅広い料理に用いられている。また、日本でもたくあんの色付けや沖縄料理やお茶に利用されている。

(左)タイ料理でもカレーや魚介スープによく使われる (右)ターメリックやヨーグルトに漬け込んだインドの鶏の串焼き「チキンティッカ」

▼米をターメリックやバター、塩などと一緒に炊き上げたインド料理の定番「ターメリックライス」

育て方

育てやすさ：★★☆☆☆

	1	2	3	4	5	6	7	8	9	10	11	12
植付け				━	━							
花期									━	━	━	
収穫										━	━	

▲秋ウコンの場合

注意点

- 寒さに弱いので、冬に根茎を植えたままにしないよう注意する
- 湿り気のある土壌を好むので、土の表面が乾いたらたっぷりと水を与える
- 4〜6月に花を咲かせる春ウコンもある

◀ターメリック(秋ウコン)の花。白い苞(ほう)の中に黄色い花を咲かせる

THYME

タイム

強力な殺菌・防腐効果を持つ
勇気と品位の象徴

▲タイムの束

▶乾燥させた
タイムの葉

イブキジャコウソウ属の植物の総称であるタイムは、数多くの品種があるハーブだ。なかでも、南ヨーロッパ原産のコモンタイムが有名で、タイムといえば本種を指すことが多い。

主な効能としては、強い殺菌、防腐効果が挙げられる。古代エジプトではミイラを保存する際に使用したほか、古代ローマでは、葉をいぶして聖堂などの浄化に用いていた。現在でも、解剖標本や植物標本の保存や、紙の虫食い防止などに利用されている。

また、古代ギリシャや古代ローマでは、勇気と品位の象徴として扱われていたことから、兵士たちは戦いに赴く前にタイムの入った風呂に浸かり、その香りを身体に擦り付けて士気を高めた。そして、女性たちは夫や恋人の武運を祈り、スカーフにタイムの刺繍《ししゅう》をして贈ったという。

こうした香りや効能は料理においても重宝され、煮込み料理や香草焼きをはじめ、さまざまな料理に利用されている。肉や魚の臭みを消し、保存力を増す役割はもちろん、素材の風味も引き出してくれるので、あらゆる食材とマッチする万能なハーブだ。

ABOUT THE HERB

学名 *Thymus vulgaris*（コモンタイム）
分類 シソ科／常緑小低木
和名 タチジャコウソウ
原産地 ヨーロッパ、北アフリカ、アジア
草丈 20～40cm
使用部分 葉、花、茎
用途 料理、お茶、美容、クラフトなど
効能 去たん、鎮咳、防腐、抗菌、強壮、鎮痛、消化促進など

ア
カ
サ
タ
ナ
ハ
マ
ヤ
ラ
ワ

ハーブティー

ピリッとした刺激とすがすがしい香り

少しピリッとした刺激があるので、タイムだけで飲みにくい場合はほかのハーブや紅茶とブレンドすると飲みやすくなる。

▶タイムのハーブティー

効能

気管支炎やアレルギー性鼻炎、風邪の初期症状でのどが痛いときなどに飲むと効果的。うがいをしてもよい。

※妊娠中・授乳中の飲用を避ける

RECIPE

約5cmに切ったタイムの小枝(約3本)、またはドライタイムの葉(小さじ1)をポットに入れて熱湯を注ぎ、フタをして約3分蒸らす。

▲レバーのパテにタイムを添えると生臭さが和らぎ、食べやすくなる

料理

フランス料理に欠かせないハーブ

食材を選ばないタイムは、万能なハーブ。特に、フランス料理に欠かせない存在で、ブーケガルニ(タイムをはじめ、数種類のハーブを束ねたもので、煮込み料理などの風味付けに用いられる)や、エルブ・ド・プロヴァンス(南仏プロヴァンス地方のミックスハーブ)に用いられる。

▶乾燥させる際は束にして吊るす

魚料理の臭み消しに

肉料理や魚料理のなかでも、ローストやスープなど、長時間火を通す料理におすすめ。ちぎってまぶしつけ、酒と一緒に漬け込んでフライやムニエルの下ごしらえに用いるほか、枝ごと肉や魚に添えてローストする。また、オイル漬けにして、ソテーに利用しても美味。

◀タイムのハーブオイル

※妊娠中・授乳中の使用を避ける

美容・健康

効能(精油)

- 衰弱、神経疲労
- 風邪
- ニキビ、湿疹
- 筋肉痛、腰痛、頭痛
- 腹痛、消化不良

▶タイムの石けんとバスソルト

入浴や掃除に

すっきりとした香りで、ストレスや悩み事による不安を和らげ、気持ちを盛り上げてくれる。強い消毒、抗菌作用があるので、入浴時のヘアケア(フケや脱毛を防ぐ)や、掃除などに利用するとより効果的だ。

※妊娠中の使用を避ける

育て方

育てやすさ:★★★★☆

	1	2	3	4	5	6	7	8	9	10	11	12
種まき				━	━				━	━		
花期					━	━	━					
収穫	━	━	━	━	━	━	━	━	━	━	━	━

注意点

- 枝が茂ると風通しが悪くなり、株が蒸れて葉が枯れるため、梅雨前に1/3程度刈り込むようにする

▶成長すると小さな白い花を付ける

TARRAGON

タラゴン

料理の風味付けに活躍する「小さなドラゴン」

▲乾燥させたタラゴンの葉

▶細長い葉が特徴

細い葉がドラゴンの牙に似ていることなどから、「小さいドラゴン」を意味するフランス語「エストラゴン」に由来する。フレンチタラゴンとロシアンタラゴンの二種類があり、ハーブとして用いられるのは、スモーキーな香りのフレンチタラゴンだ。

古代ギリシャでは薬用として、「医学の父」ヒポクラテスによって傷の消毒に用いられていた。日本に伝来したのは大正時代で、薬草の見本として栽培されたのが始まりだ。

現在は、主に料理の香味付けとして利用されており、フランス料理に欠かせないハーブの一つとして調味料やソースをはじめ、タルタルソースやマヨネーズを使ったドレッシングなどに活用されている。

ハーブティー

かすかな苦味と、清涼感のある甘い香りが特徴。

※妊娠中の飲用を避ける

効能

消化促進や食欲増進効果のほか、デトックス効果があるとされている。使いすぎには要注意。

▲レモネードに加えても飲みやすい

育て方

育てやすさ：★★★☆☆

- 水やりは控えめに、乾燥気味に管理するとよい
- 水はけの良い土であれば、明るい日陰でもよく育つ

	1	2	3	4	5	6	7	8	9	10	11	12
植付け				━								
花期												
収穫				━	━	━	━		━	━		

ABOUT THE HERB

学名　*Artemisia dracunculus*（フレンチタラゴン）
分類　キク科／多年草
和名　タラゴン
原産地　シベリア、北アメリカ、南ヨーロッパ
草丈　50～60cm
使用部分　葉
用途　料理、お茶、美容健康など
効能　食欲増進、消化促進、健胃、駆虫、温熱など

049

TANSY

タンジー

ア
カ
サ
タ
ナ
ハ
マ
ヤ
ラ
ワ

豊かな香りで防虫効果を発揮するハーブ

◀葉は樟脳《しょうのう》のような香り

古来から薬草として活用されてきた強い香りが特徴のハーブ。以前は食用としても使用されていたが、毒性があることから、現在ではポプリの材料にするほか虫よけなどに活用される。ウールや絹の染料としても活用され、花の部分を使うと黄色に、茎葉はくすんだ緑色に染めることができる。

夏に黄色い花を咲かせる姿がボタンのように見えることから、「ゴールデンボタン」という英名がつけられている。繁殖力が高いハーブのため、初心者も気軽に育てて楽しむことができる。日本にはタンジーの変種であるエゾヨモギギクが北海道に自生しているが、環境省レッドリスト二〇一七で絶滅危惧Ⅱ類に指定された。

ABOUT THE HERB

学名　*Tanacetum vulgare*
分類　キク科／多年草
和名　ヨモギギク
原産地　ヨーロッパ、中央アジア
草丈　50cm～1m50cm
使用部分　葉、花
用途　クラフトなど
効能　芳香、防虫など

クラフト

ドライフラワーに

茎ごと収穫したタンジーを束にし、紐でくくり逆さにつるし乾燥させて完成。可愛らしい見た目で部屋を彩り、防虫効果も果たすドライフラワーだ。

▲タンジーのドライフラワー

育て方

育てやすさ：★★★★★

- 水はけの良い土を選ぶ
- 日当たりの良い場所か半日陰で栽培する

	1	2	3	4	5	6	7	8	9	10	11	12
種まき			━	━	━				━	━		
花期								━	━			
収穫						━	━	━	━			

050

DANDELION

ダンディライオン

利尿作用に優れた「おねしょのハーブ」

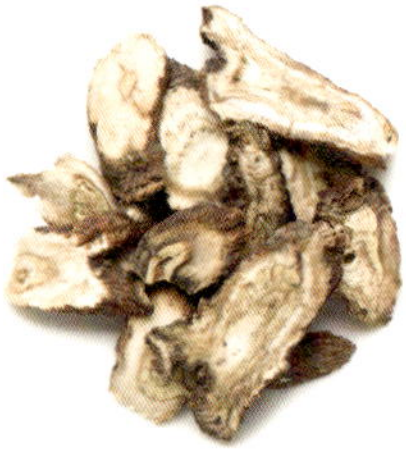

▲根は乾燥させてハーブティーに

▶繁殖力が強く、葉や茎を刈っても根だけで再生できる

日本では「セイヨウタンポポ」の名前で知られるダンディライオン。環境省の要注意外来生物に指定されるなど、雑草のイメージが強いが、インドの伝統医学であるアーユルヴェーダにおいては肝臓や胆のうの不調に利用されるなど、海外では古くから薬草として用いられてきた。

　ギザギザとした葉の形から「ライオンの歯」を意味する名前を持つが、フランス語で「ピサンリ（おねしょ）」という別名があるように、利尿作用が強いことで知られる。

　原産地のヨーロッパでは、古くから食用として利用されており、若葉はサラダに、花はワインに、根はコーヒーの代用品になるなど、全草が利用できる有用なハーブだ。

ハーブティー

▲ダンディライオンのハーブティー

ほうじ茶のような香ばしさが特徴。根を乾燥させて煎じると、ノンカフェインコーヒーにもなる。

効能

利尿作用によってむくみを解消するほか、消化不良や便秘解消、母乳の出を良くする作用も期待されている。

育てやすさ：★★★★★

育て方

	1	2	3	4	5	6	7	8	9	10	11	12
種まき			━	━					━	━		
花期			━	━								
収穫		━	━	━					━	━	━	

- 日当たりと水はけが良い場所であれば、種子から簡単に栽培できる

ABOUT THE HERB

- 学名　*Taraxacum officinale*
- 分類　キク科／多年草
- 和名　セイヨウタンポポ
- 原産地　ヨーロッパ
- 草丈　10～30cm
- 使用部分　葉、花、根
- 用途　料理、お茶、美容健康、クラフトなど
- 効能　利尿、胆汁分泌促進、便秘解消、抗リウマチなど

051

CHICORY

チコリ

コーヒーの代用としても
愛飲される高級野菜

▶薄青色の可憐な花を咲かせる

▲白菜のような形をしたチコリの新芽

ギリシャ語で「畑の」という意味の「キコリウム」に由来するチコリは、白菜に似た新芽の形が特徴の高級野菜だ。古くは紀元前の書物にも記録が残されているが、食用としての栽培は一九世紀に入ってからのこと。ほろ苦い風味の若葉は、主にサラダに加えて食べられることが多く、花もエディブル・フラワーとして、料理の彩りに利用することができる。

　また、独特のほろ苦さと淡い芳香を持つことから、チコリの根を乾燥・焙煎してコーヒーの代用にすることがある。これは、一九世紀にフランスがイギリス製品をボイコットしたことにより、コーヒー豆が極端に不足し、誕生したものである。

ABOUT THE HERB

学名　*Cichorium intybus*
分類　キク科／多年草
和名　キクニガナ
原産地　ヨーロッパ～中央アジア
草丈　50cm～1m50cm
使用部分　新芽、葉、花、根
用途　料理、お茶、クラフト、染料など
効能　強肝、解毒、消化促進、血糖値降下など

料理

生のままで

生で食べる場合は、カットしてサラダや料理の飾り付けにするほか、葉の形を生かして、肉のパテやツナ、アボカド、魚介のマリネなどを乗せればお皿代わりにもなり、前菜やパーティー料理にぴったりだ。

▲チコリの新芽にブルーチーズとクルミを乗せた前菜

育て方

育てやすさ：★★☆☆☆

- 日当たりと水はけが良く、アルカリ性の土が良い
- 根は直根でよく太るので、植える場所は深く耕す

	1	2	3	4	5	6	7	8	9	10	11	12
種まき									━	━		
花期						━	━	━				
収穫			━	━	━							

CHERVIL

チャービル

高級感あふれる芳香を持つ「グルメのパセリ」

▲初夏に白い小花を咲かせる

▲パセリに似た葉が特徴

パセリに似た葉の形状と高級感あふれる芳香から、「グルメ（美食家）のパセリ」と呼ばれている。肉や魚の風味を引き立て、レースのような葉が料理に彩りを添えることから、フランス料理に欠かせないハーブの一つとして知られる。

古代ローマ時代から薬用として利用されていた歴史があり、中世ヨーロッパでは、チャービルが体内を浄化してくれると信じられていた。そのため、キリスト教圏では、復活祭の前に「希望のハーブ」として、チャービルのスープを飲む習慣が生まれた。

なお、葉の抽出液には美肌効果が期待されていて、近年は、石けんやローションの材料としても重宝されている。

料理

卵料理と相性抜群

パセリよりも甘い芳香があるチャービルは、乾燥すると香りが落ちるため、生のまま使うのが一般的。フランス料理では、魚や肉料理の風味付けやサラダ、スープの彩りのほか、特に卵との相性が良いとされ、オムレツなどに加えられる。

▶キッシュに添えて

育て方

育てやすさ：★★★★★

- 強い日差しと乾燥に弱いので、十分に水を与える
- 移植を嫌うため、鉢や花壇に直接種をまく

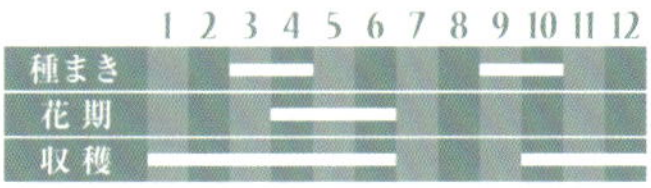

ABOUT THE HERB

学名　*Anthriscus cerefolium*
分類　セリ科／一年草
和名　ウイキョウゼリ
原産地　ロシア南部〜西アジア
草丈　30〜60cm
使用部分　葉、花、根
用途　料理、お茶、美容健康など
効能　血行促進、消化促進、利尿、発汗、血液浄化など

053

CHIVES

チャイブ

どの料理にも
マッチする
万能の薬味

◀葉は刻んで料理の薬味に

▲花は鑑賞用にも食用にもなる

ネギをマイルドにした、アサツキのような風味が特徴のチャイブは、ほかのネギ類に比べて臭みも少なく、万能の香味料として、また、ネギやニラの代用として、和・洋・中華など、どの料理にも重宝されているハーブだ。

アサツキは日本原産で、古くから薬味として利用されているが、チャイブの変種とされていて、チャイブとアサツキを混植すると交雑しやすい。アサツキは夏に休眠するが、チャイブは冬を除いて夏の間も収穫できる。カロテンを豊富に含む緑黄色野菜で、ネギと同じ芳香成分を持つ。

ピンク色の丸く愛らしい花は観賞用としても人気が高く、寒さに強く育てやすいため、家庭菜園にもうってつけだ。

ABOUT THE HERB

学名　*Allium schoenoprasum*
分類　ユリ科／多年草
和名　エゾネギ
原産地　地中海沿岸～シベリア、北アメリカ
草丈　20～30cm
使用部分　葉、花
用途　料理、お茶など
効能　食欲増進、消化促進、殺菌など

料理

洋食にも和食にも

マイルドなネギの香りの葉は、和食にもよく合い、アサツキの代わりとしても使用可能。風味を楽しむために、生での使用がおすすめだ。サラダやスープの飾り、炒め物や煮物の仕上げのほか、葉を細かく刻んでハーブバターとしても楽しめる。

▲ジャガイモとは特に相性が良い

育て方

育てやすさ：★★★★★

- 高温と乾燥に弱いので、夏は直射日光が当たらない明るい日陰で管理する

	1	2	3	4	5	6	7	8	9	10	11	12
種まき			━	━					━	━		
花期					━							
収穫			━	━	━	━	━	━	━	━	━	

054

CENTELLA

ツボクサ

神経や脳を活性化させる若返りのハーブ

▲ツボクサの葉

アーユルヴェーダのなかでも若返りの薬として重要なハーブの一つで、「ゴッコラ」や「ブラフミ」とも呼ばれる。中国でも約二〇〇〇年前の薬草書『神農本草経《しんのうほんぞうきょう》』に「積雪草」の名で紹介されている。味は苦味があり、生野菜として食べるほか、ベトナムでは青汁のような健康飲料として飲まれている。

伝統的に神経と脳細胞を活性化するハーブとして知られ、瞑想前に用いられることも多い。また、強い抗酸化作用を持つことから、ヨーロッパでは静脈瘤、下肢腫脹といった循環器系の症状の緩和に利用されている。コラーゲンの生成を促進する作用が期待されているため、傷を早く治し、肌荒れを改善するといわれている。

ハーブティー

さわやかで独特の風味が特徴。ノンカフェインなので就寝前のリラックスタイムに。

効能

ツボクサには抗不安作用があると考えられており、精神面の不調にも効果が期待される。

▲ツボクサを使った健康飲料

育て方

育てやすさ：★★★★☆

- 耐寒性が低いため、冬は室内に移動させる
- 半日陰の場所を好むので、直射日光は避ける

ABOUT THE HERB

学名 *Centella asiatica*
分類 セリ科／多年草
和名 ツボクサ
原産地 インド
草丈 10～45cm
使用部分 葉
用途 料理、お茶、美容健康など
効能 神経系や脳の活性化、利尿、血行促進、軽度の傷・やけどの治癒など

Column 03
ハーブティーの入れ方

香りを楽しむだけでなく、ハーブの特性を体内に取り込むことができるハーブティー。少しの工夫でよりいっそうおいしく、香り高くなる。

フレッシュハーブの場合

1 ハーブを軽く洗い水気を切った後、成分が出やすいように手でちぎってティーポットに入れる

2 ドライハーブの2〜4と同じ要領でハーブティーを入れる

ハーブティーを入れる前に

【1人分の分量】

- ドライハーブ…ストレートの場合もブレンドの場合も、ティースプーンで山盛り1杯（3〜5g程度）が目安。
- フレッシュハーブ…ドライハーブの2〜3倍（ティースプーン山盛り2〜3杯程度）が目安。
- お湯…1人分のハーブに対して150〜180mlが適量。

【下準備】

ローズヒップなどの硬い実の場合、スプーンの背やキッチンバサミなどで砕いておくと、成分が出やすい。

ドライハーブの場合

1 ポットとカップにお湯を注いであらかじめ温めておき、適温になったらお湯を捨てる

2 ティーポットにハーブを入れ、お湯（沸騰後に90〜97℃まで冷ましたもの）をゆっくり注ぐ

3 フタをして3〜5分ほどハーブを蒸らす（硬いハーブの場合は5〜6分）

4 ティーポットを水平に軽く回し、お茶の濃さを均一にしてから、茶こしでハーブをこしながらティーカップに注ぐ

DILL

ディル

魚料理を引き立てる「魚のハーブ」

◀フェンネルに似た細く繊細な葉が特徴

▲ディルの花

優れた鎮静作用や安眠効果で知られるディルは、「なだめる」という意味の古代ノルウェー語「ディラ」に由来して名付けられた。日本ではあまり一般的ではないものの、欧米では非常にポピュラーなハーブとして、盛んに栽培されている。

　その歴史は非常に古く、古代エジプトでは、すでに医師が重要な治療薬として利用していた。また、キリスト教の新約聖書においても、税金の代用になるほど珍重されていたことが記されているほか、中世ヨーロッパでは、魔よけやまじないの材料としても使われたという。

　日本へ伝来したのは、江戸時代初期のこと。「ジラシ」という名の生薬として持ち込まれたのが始まりだ。

　このように、根を除く全ての部分を活用できるディルは、幅広い用途で用いられるが、特に料理での需要が高い。なかでも、葉の爽やかな芳香は魚との相性が非常に良く、「魚のハーブ」と称されるほど魚料理に欠かせない存在となっている。また、爽やかな香りと辛味がある種子はスパイスとして、カレーやピクルスなどに用いられる。

ABOUT THE HERB

学名　*Anethum graveolens*
分類　セリ科／一年草
和名　イノンド
原産地　地中海沿岸〜西アジア
草丈　60cm〜1m
使用部分　葉、花、茎、種子
用途　料理、お茶、美容健康など
効能　鎮静、駆風、利尿、消化器官機能改善、母乳の分泌促進など

ア
カ
サ
タ
ナ
ハ
マ
ヤ
ラ
ワ

▲ディルのハーブティー

ハーブティー　爽やかな草の香りでリラックス

葉、花、種子のどの部分もハーブティーとして飲用できるが、種子を用いるのが一般的。緑茶をより柔らかくしたような甘味のある味わいで、草の香りが特徴だ。

効能

特に鎮静作用に優れ、ヨーロッパでは、夜泣きの赤ちゃんに与えるほか、病院で患者の安眠用に処方することもある。

RECIPE

ディルの種子（大さじ1/2〜1）をポットに入れて熱湯を注ぎ、フタをして3〜5分蒸らす。

料理

サーモンとの相性は抜群！

「魚のハーブ」と呼ばれるディルだが、特に、サーモンとの相性は抜群。サーモンのマリネやスモークサーモンには、ぜひディルの葉を添えてみて。また、刻んでドレッシングやマヨネーズに加えても美味。卵やジャガイモとの相性が良いので、ポテトサラダに加えるのもおすすめだ。

（左）ヨーグルトにオリーブオイルやディルなどを加えたギリシャのディップソース「ザジキ」（右）ジャガイモとの相性も良い

（左）ディルの種子
（右）キュウリのディルピクルス

種子はピクルスに

ディルの種子はピクルスに欠かせない。なかでも、キュウリのディルピクルスは有名で、生の花や葉を入れる場合もある。キュウリ以外にも、旬の野菜を食べやすい大きさに切り、ディルで風味を付けたピクルス液に漬け込めば、簡単にディルピクルスを作ることができる。塩分が少なくヘルシーなのもうれしい。

◀スモークサーモンとクリームチーズのカナッペに添えて

育て方

育てやすさ：★★★★★

	1	2	3	4	5	6	7	8	9	10	11	12
種まき			―	―					―	―		
花期					―	―	―					
収穫			―	―	―						―	―

注意点

- 日当たりと水はけが良ければ、土の質は選ばない
- 根が傷みやすいので、種を直接まく

▶夏になるといっせいに花を咲かせる

FISH MINT

ドクダミ

美肌や健康茶にも
民間療法を代表するハーブ

▶白い花を咲かせるドクダミ

日陰の湿った場所を好み、独特の強い匂いを放つ。東アジア原産で、その名は毒を抑えるという意味から来ている。古くから民間薬に使われてきたハーブで、生薬では「十薬《じゅうやく》」と呼ばれる。

伝統的にドクダミ茶は利尿作用や便秘改善、動脈硬化予防などに効果があるといわれている。生の葉をすり潰したものは抗菌作用が強いことから、湿疹や水虫の患部に、ドクダミで作る化粧水はニキビ予防にも利用される。

日本ではドクダミを食用にするのはあまり一般的ではないが、ベトナムではパクチーと同じようにサラダや生春巻きにして食されている。若い芽を天ぷらにすると、匂いやえぐみがなくなり、おいしく食べられる。

ハーブティー

ドクダミ茶は独特の風味があるため、飲みにくい場合は麦茶などと混ぜるとよい。

効能

デトックス効果があり、美肌効果や整腸作用、むくみの改善などが期待できる。

▶ドクダミの葉を使ったドクダミ茶

育て方

育てやすさ：★★★★★

- 環境を選ばず育つが繁殖力が高いので注意
- 鉢植えの場合、土が乾いたらたっぷり水を与える

	1	2	3	4	5	6	7	8	9	10	11	12
植付け				―						―		
花期					―	―	―					
収穫					―	―	―					

ABOUT THE HERB

学名　*Houttuynia cordata*
分類　ドクダミ科／多年草
和名　ドクダミ
原産地　東南アジア
草丈　20〜40cm
使用部分　葉、花、茎、根
用途　料理、お茶、美容健康など
効能　便秘改善、高血圧、動脈硬化予防、利尿、湿疹など

057

NASTURTIUM

ナスタチウム

ぴりっとした辛味の鮮やかな花

▼ハスに似た葉と鮮やかな花が和名「金蓮花」の由来となった

▲観賞用としても楽しめる

赤や黄色の鮮やかな花と、ハスのような丸い葉が特徴のつる性の植物。一六世紀にペルーで発見された野生種がヨーロッパに持ち込まれたことで広まり、日本には江戸時代末期に渡来した。ナスタチウムにはビタミンCや鉄分が含まれることから、当時ビタミンC不足で壊血病《かいけつ》を引き起こしていた欧米の船乗りたちに用いられたという。

花はエディブルフラワー（食用花）にもなる。クレソンのようなぴりっとした刺激がある花と若葉は、生のままサラダやサンドイッチに使うのが一般的だ。また、つぼみや熟していない実も、一晩塩漬けにしてからピクルスにしたり、すりおろしてスパイスにすることができる。

ABOUT THE HERB

学名	*Tropaeolum majus*
分類	ノウゼンハレン科／一年草
和名	キンレンカ、ノウゼンハレン
原産地	メキシコ～南米
草丈	約30cm（つるは約3m）
使用部分	花、葉、つぼみ、果実
用途	料理、健康など
効能	抗菌、強壮、利尿、風邪予防、造血など

料理

サラダなどの彩りに

辛味のある葉と花は、生のままサラダや前菜に。また、ワサビにも似た風味を生かし、和え物などの和食にも応用できる。

※果実は特に刺激が強いため、胃弱の人は食べるのをを控える

▲ナスタチウムを使ったサラダ

育て方

育てやすさ：★★★☆☆

- 湿気に弱いため風通しの良い場所で育てる
- 夏場は25℃を超えないように注意する

	1	2	3	4	5	6	7	8	9	10	11	12
種まき				━	━				━			
花期						━	━		━	━		
収穫						━	━	━	━	━		

GARLIC CHIVES

ニラ

豊富な栄養が詰まった
スタミナ野菜の代表格

▲ニラの花

▼大葉ニラ

中国では「陽起草《ようきそう》」と呼ばれ、三〇〇〇年以上前から栽培されている。日本では七〇〇年頃から栽培が始まり、「みら」の呼び方で『古事記』や『万葉集』にも登場する。戦後、中華料理の普及により、需要が急増した。一般的には緑色の大葉ニラが知られているが、黄ニラ、花ニラといった種類もある。

ニラには匂いの成分である硫化アリルが含まれており、血液をさらさらにして動脈硬化を予防するほか、ビタミンB1の吸収を助け、疲労回復や滋養強壮に役立つ。β-カロテンやビタミンCが豊富に含まれ、風邪予防や老化予防にも最適だ。漢方では温めて血行を良くすることから、足腰のだるさや頻尿などに良い。

料理

レバーと一緒に食べてスタミナアップ

餃子や春巻きなど、中華料理の具材としてポピュラーなニラ。なかでもニラをたっぷり取ることができるのがレバニラ炒め。ニラの栄養価が高いことはもちろんのこと、レバーも栄養価が高く、スタミナをつけるには最適の一品だ。

▶レバニラ炒め

育て方

育てやすさ：★★★★☆

- 生育がいい春から夏にかけ収穫し、冬は休ませる
- 1年目は収穫せず、2年目、3年目に収穫するとよい

	1	2	3	4	5	6	7	8	9	10	11	12
種まき			━	━					━	━		
花期							━	━				
収穫				━	━	━	━		━	━		

ABOUT THE HERB

学名　*Allium tuberosum*
分類　ヒガンバナ科／多年草
和名　ニラ
原産地　中国
草丈　30〜40cm
使用部分　葉、種子
用途　料理、健康など
効能　代謝機能の向上、疲労回復、整腸、滋養強壮など

NETTLE

ネトル

栄養素を豊富に含む「天然のマルチビタミン」

▶細かいとげに覆われたネトルの葉と茎

▲乾燥させたネトルの葉

茎や葉の表面が「刺毛《しもう》」と呼ばれる鋭いとげに覆われていることから、「針」を意味する英語「ニードル」に由来して名付けられた。茎からは繊維が採れ、かつては織物にも利用されていたという。

また、ネトルは「天然のマルチビタミン」と称されるほど、ビタミンやミネラルを豊富に含むことで知られる。ヨーロッパでは二〇〇〇年以上前から強力な薬草として重宝され、一世紀には、古代ギリシャの医師ディオスコリデスらによって広く使われた。

また、ネトルに含まれる抗ヒスタミン成分に、アレルギーなどの炎症を抑え、予防する効果があることから、近年は花粉症対策としても注目されている。

ABOUT THE HERB

学名　*Urtica dioica*
分類　イラクサ科／多年草
和名　セイヨウイラクサ
原産地　ヨーロッパ、アジア
草丈　50cm～1m50cm
使用部分　葉、根
用途　料理、お茶など
効能　抗アレルギー、利尿、血液浄化、造血など

ハーブティー

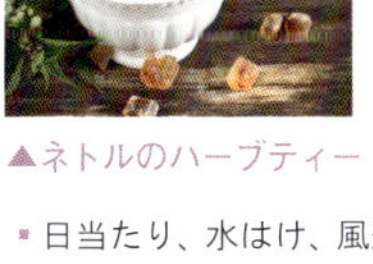

▲ネトルのハーブティー

日本茶のように甘く、まろやかな味わいが特徴。

効能

利尿作用や浄血作用など、さまざまな効能が期待されているが、特に抗アレルギー作用が注目されているので、花粉症の季節などに。

※中毒作用を引き起こす可能性があるので、生食は避ける

育て方

育てやすさ：★★★☆☆

- 日当たり、水はけ、風通しの良い場所で栽培する
- 高温多湿に弱いので、夏は湿度管理に注意する

BASIL

バジル

イタリア料理に欠かせない
「王様の薬草」

▶バジルの葉

▲乾燥させたバジル

イタリアで「バジリコ」とも呼ばれるバジルは、イタリア料理の主要なハーブとして有名だ。甘味のある爽やかな香りとほのかな辛味は、さまざまな国の料理で重宝されている。

　バジルとは、古代ギリシャ語で「王」を意味する「バジレウス」が語源とされており、古くから「王様の薬草」と称されていた。また、インドでは人々を守護する聖なる力が秘められているとして、クリシュナ神とヴィシュヌ神にささげる神聖な草だった。

　このほかにも、バジルに関する伝説は世界各地に残されている。キリスト教では、イエス・キリストが復活した後、墓の周りにバジルが生えたと伝えられており、ギリシャ正教の教会では、今でも祭壇の下にバジルを入れたつぼを置くという。

　日本へは、江戸時代に種子が目薬用の漢方薬として輸入された。種子を水に浸すと膨張しゼリー状の物質で覆われるが、これで目を洗うことから「メボウキ」と呼ばれた。

　近年では、免疫力を高める成分が多く含まれていることから、美容やアンチエイジングの面でも注目されている。

ABOUT THE HERB

学名　*Ocimum basilicum*

分類　シソ科／一年草

和名　メボウキ

原産地　インド、熱帯アジア

草丈　30〜80cm

使用部分　葉、花、種子

用途　料理、お茶、美容健康、クラフトなど

効能　殺菌、消化促進、去たん、抗うつ、強壮、解熱、抗酸化作用など

◀タイ料理の定番、ひき肉のバジル炒め「ガパオ」

料理　トマトのベストパートナー

イタリア料理や地中海料理のほか、タイ料理やベトナム料理にも欠かせない存在。特に、トマトとの相性は抜群で、サラダやスープ、トマトソースのパスタやピザなどに使用される。乾燥させたバジルの葉をケチャップに混ぜれば、本格的なピザソースやチキンライスを手軽に味わうことができる。

▲バジル、トマト、モッツァレラチーズの3色がイタリアを象徴するサラダ「カプレーゼ」

加工して

バジルを加工する際は、ペーストにしたり、バターに練り込んだり、オリーブオイルやビネガーに漬け込んだりと、さまざまな方法で楽しめる。特に、イタリアのジェノヴァで伝統的に作られている「ペスト・ジェノヴェーゼ」が有名。バジルの葉、ガーリック、松の実、オリーブオイル、粉チーズ、塩を合わせてペースト状にしたソースで、作り置きしておけば色々な料理に利用できる。

▲バジルをペースト状にしたソース「ペスト・ジェノヴェーゼ」

種子を利用する

バジルの種子であるバジルシード。一見すると黒ゴマのようだが、水に浸すとゼリー状になり、約30倍もの大きさに膨らむ。東南アジアでは、ココナッツミルクと合わせたデザートなどに使われるほか、近年はダイエットフードとしても注目されている。

◀バジルシードとフルーツで作るベトナムのデザートドリンク

育て方

育てやすさ：★★★★★

注意点

- 日当たりと水はけが良く、栄養豊富な土に植え付ける
- 発芽、生育温度が13℃以上のため、種まきは十分気温が上がってから行う

▲葉を利用する際は、花芽を摘んでおく

PARSLEY

パセリ

世界中で最も広く使われる
料理の名脇役

▲葉が平坦な
イタリアンパセリ

▼カーリーパセリ

世界で最も広く使われているハーブ。日本やアメリカでは葉が細かく縮れたカーリーパセリが一般的だが、ヨーロッパでは、葉も茎もまっすぐで原種に近いイタリアンパセリを使うことが多い。

地中海沿岸が原産のパセリは、紀元前より食用や薬用として栽培されてきた。古代ギリシャでは家畜の餌にされていた一方で、宗教儀式にも用いられており、パセリの束を輪にして香りを楽しんだという。その後はローマ帝国の拡大とともにフランスやドイツ、イギリスなどに伝わり、一七世紀にはヨーロッパ全土で栽培されるようになった。

日本には、一八世紀末にオランダから持ち込まれたが、料理の彩りとして使われることが主流で、食べられることはほとんどなかったという。

特有の苦味と青臭さのせいか、日本では現代においても食べ残されることが多いが、ビタミンや鉄分などのミネラルの含有量においては、野菜のなかでもトップクラス。さらに、パセリに含まれるピネンやアピオールという物質には口臭を予防する働きがあるため、食後に食べておくと、非常に効果的なのだ。

ABOUT THE HERB

学名　*Petroselinum crispum*
（カーリーパセリ）
Petroselinum neapolitanum
（イタリアンパセリ）

分類　セリ科／二年草

和名　オランダゼリ

原産地　地中海沿岸

草丈　15～20cm

使用部分　葉、茎、根

用途　料理、お茶、美容健康など

効能　殺菌・抗菌、消臭、強壮、利尿、動脈硬化予防、鎮痛、抗アレルギー、風邪予防、美肌など

▲パセリのグリーンスムージー

ハーブティー　育ち過ぎたパセリを利用して

余ったパセリはハーブティーとしても飲用可能。生のままでも乾燥させたものでも大丈夫だが、独特の青臭さがあるので注意。

効能

カロテンが多く、動脈硬化を予防する効果が期待されているほか、鉄分が豊富なため、貧血、風邪予防、美肌にも効果的。花粉症の人にもおすすめだ。

▲乾燥させたパセリの葉

RECIPE

ドライパセリの葉（小さじ1強）または生のパセリ（適量）をポットに入れて熱湯を注ぎ、フタをして約10分蒸らす。

※妊娠中の飲用を避ける

その他のアレンジ

パセリはヘルシーなグリーンスムージーに最適。どんな味のフルーツと合わせても味を引き立ててくれるので、色々なアレンジで楽しめる。

料理　残さず食べよう！

魚・肉料理をはじめ、揚げ物の付け合わせなど用途は幅広く、刻んでスープやサラダのほか、ブーケガルニにも欠かせない存在だ。注目すべきは、その高い栄養価。残されることも多いが、料理と一緒にぜひ食べておきたい。使用する際には、手でつぶしながら料理にふりかけると、より香りが引き立つ。

（左）小麦粉で作る中東の小さなパスタ「クスクス」のサラダには、パセリが定番（右）マッシュルームスープに添えて

ソースやドレッシングに

ほかの食材を引き立てるパセリは、タルタルソースやフレンチドレッシングなど、さまざまな調味料に使われている。

◀パセリとチャイブ、ガーリックのハーブバター

ハーブオイルやハーブバターに

余ってしまったパセリは、ハーブオイルやハーブバターにすれば、長期保存が可能なうえ、いつもの料理にひと味違ったアクセントを加えてくれる。

▲パセリのハーブバターをムール貝の白ワイン蒸しに

育て方

育てやすさ：★★★★★

	1	2	3	4	5	6	7	8	9	10	11	12
種まき				━	━	━			━	━		
花期					━	━	━	━				
収穫					━	━	━	━	━	━		

注意点

- 日当たりと水はけが良く、栄養豊富な土に植え付ける
- 花を付けると株が弱り葉が少なくなるので、花茎が伸びたら早めに摘み取る

◀鑑賞用のグリーンとしてもおすすめ

BUTTERFLY PEA

062

バタフライピー

美しい青いお茶には
美容健康効果がたっぷり

▶バタフライピーの花

▼バタフライピーの花びらを
乾燥させハーブティーに

東南アジアで古くから親しまれている。根には少量の毒性を含むが、濃い青をした花びらは天然色素として広く活用されているほか、葉の部分は飼料に、未熟な豆の部分は食用として使われる。花びらの絞り汁にライムやレモンを絞るとクエン酸が反応して紫に変色する性質がある。

日本ではハーブティーとして活用されることが多い。青いお茶は、清々しい色合いをしている。風味は薄く、ほのかにマメの香りがする。他のハーブティーと合わせたり、ハチミツや砂糖を入れて飲むとよい。花びらにはポリフェノールが多く含まれており、その一種であるアントシアニンは皮膚のたるみや眼精疲労の回復に効果が期待される。

ハーブティー

レモンなど酸性のものを入れて色の変化を楽しめる。夏には冷やしたハーブティーをソーダで割ると爽やかでおいしい。

効能

眼精疲労、アンチエイジング効果、生活習慣病など

※妊娠中の使用を避ける

▲クエン酸に反応して変色したお茶

育て方

育てやすさ：★★★★★

- 種の表面に軽く傷をつけてからまくとよい
- 日当たりが良い場所で水をたっぷり与えるとよい

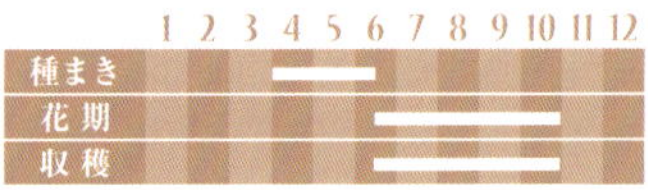

ABOUT THE HERB

学名 *Clitoria ternatea*
分類 マメ科／多年草
和名 チョウマメ
原産地 東南アジア
草丈 20cm〜1m
使用部分 葉、花、実
用途 料理、お茶、美容など
効能 抗酸化作用、老化予防、生活習慣病予防など

STAR ANISE

八角

星形の実が珍しい
中華料理には
欠かせないハーブ

▶乾燥した八角

星の形をした八角は、インドシナ北部を中心に分布する常緑高木、トウシキミの果実を乾燥させたもの。セリ科のアニスに良く似た香りがすることから、別名を「スターアニス」と呼び、豚の角煮など、中華料理には欠かせないスパイスの一つだ。ヨーロッパではペイストリーやジャムなどの香り付けや、デコレーションに使われることが多い。

東洋では古くから宗教行事に用いられ、線香などの原料にも使われてきた。生薬名は「大茴香《だいういきょう》」といい、新陳代謝の活性化を促し、健胃や食欲増進、自律神経の乱れに効果がある。精油は、歯磨き粉や石けん、化粧品などの香り付けとして利用される。

ABOUT THE HERB

学名　*Illicium verum*
分類　マツブサ科／常緑高木
和名　トウシキミ
原産地　中国
樹高　10m〜15m
使用部分　果実
用途　料理、お茶、健康、クラフトなど
効能　胃腸の不調、温熱、更年期障害改善、冷え性改善など

料理

煮物の香り付けに

八角を使った料理で最もポピュラーな豚の角煮。八角は少量でもかなり香りが強いため、まるまる1個入れるのではなく、1欠片ずつ折って数を調節しながら入れるとよい。

▲豚の角煮

育て方

育てやすさ：★☆☆☆☆

- 高さ1mになるまで多くの手入れが必要。花をつけるまで5年はかかり、初心者が栽培するのはやや難しい

064

PASSION FLOWER

パッションフラワー

リラックス効果に優れた安眠のハーブ

▼クダモノトケイソウの実(パッションフルーツ)

▶和名の「トケイソウ」の通り、花の形状が時計の文字盤にそっくり

約五〇〇もの品種を持つパッションフラワー。名前の「パッション」はキリスト教の「受難」が語源で、花の形をイエス・キリストが十字架に架けられた姿に見立てて名付けられた。花の子房柱は十字架、三つに分かれた雌しべが釘《くぎ》、巻きひげはムチ、副冠はいばらの冠、五枚の花弁とがくは合わせて一〇人の使徒、葉は槍《やり》を表すという。

一五七〇年頃、ペルーを訪れていたスペイン人の医師モナルデスによって発見された後、鎮静効果が高いハーブとしてヨーロッパで紹介されると瞬く間に広まった。

また、「クダモノトケイソウ」とも呼ばれ、その実は生食やジャム、ジュースの原料として、日本でも人気が高い。

ハーブティー

干草の香りが口中に広がる。クセがなく飲みやすいので、ほかのハーブともブレンドしやすい。

効能

安眠効果や鎮痛作用、疲労の緩和に効果があるので、眠れない夜に最適。

※妊娠中・運転前の飲用を避ける

▲乾燥させた葉と茎をハーブティーに

育て方

育てやすさ：★★★☆☆

- 水はけの良い、よく肥えた土を使う
- 土の表面が乾いてから、たっぷりと水をあげる

	1	2	3	4	5	6	7	8	9	10	11	12
植付け				━	━							
花期					━	━	━	━	━	━		
収穫					━	━	━	━	━	━		

ABOUT THE HERB

学名 *Passiflora incarnata*
分類 トケイソウ科／つる性多年草
和名 トケイソウ
原産地 中央〜南アメリカ
草丈 3〜6m
使用部分 葉、花、果実
用途 料理、お茶、美容健康など
効能 鎮静、安眠、精神安定など

065

FEVERFEW

フィーバーフュー

片頭痛の痛みを和らげる「奇跡のアスピリン」

▶デイジーに似た花を咲かせる

日本ではナツシロギク（夏白菊）とも呼ばれるフィーバーフューは、「発熱」を意味する英語「フィーバー」に由来する。その名が示す通り、解熱や鎮痛に効果があるハーブとして、古来より活用されてきたが、その科学的根拠は十分に分かっていない。

学名は不死とパルテノン神殿を意味している。その由来は、神殿の建設中に落下した人の命を救うのに使われたという言い伝えに基づく。

花は乾燥させて入浴剤として使うと、冷え性や肩こりの改善や、疲労回復につながるとされている。また、虫よけ効果もあるといわれ、虫が付きやすい植物の隣に植えるほか、乾燥させた花や葉はポプリやサシェにして活用できる。

ABOUT THE HERB

- 学名　*Tanacetum parthenium*
- 分類　キク科／多年草
- 和名　ナツシロギク
- 原産地　西アジア、バルカン半島など
- 草丈　30〜80cm
- 使用部分　葉、花、茎
- 用途　お茶、美容健康、クラフトなど
- 効能　偏頭痛の緩和、冷え性の改善、防虫など

ハーブティー

爽やかな香りだが、かすかな苦味があるので、香りの強いハーブやハチミツなどをブレンドすると飲みやすい。

効能

発熱時や片頭痛があるときはもちろん、頭が重くて気分が晴れないときなどにもおすすめ。

※妊娠中の飲用は厳禁

▶フィーバーフューの茶葉

育て方

育てやすさ：★★★★☆

- 高温加湿を避け、風通しが良くなるように株間を空ける
- 日当たりと水はけの良い乾燥気味の土で育てる

FENNEL

フェンネル

さまざまな薬効を持つ史上最古の作物のひとつ

▲フェンネルの花と種子

◀丸く肥大した球根が食用になるフローレンスフェンネル

黄緑色の茎が枯れているように見えることから、「枯れ草」という意味のラテン語「フェヌム」に由来するフェンネルは、甘い香りとほのかな苦味を持つハーブだ。この芳香を生み出すアネトールとフェンコンという二つの成分は、品種によって異なるバランスで含まれており、産地ごとにさまざまな風味がある。

　フェンネルは、歴史上最古の作物の一つといわれており、古代ローマでは強壮用の食材として、ヨーロッパでは薬草として、当時から人々の生活に浸透していた。特に盛んに活用されるようになったのは、中世以降のこと。種子を薬用や入浴剤に用いたほか、邪気を取り払う力があるとして、呪術にも利用していたという。

　日本へは、平安時代に中国から伝来した。完熟寸前の種子を収穫して乾燥させたフェンネルシードは、生薬では「茴香《ういきょう》」と呼び、江戸時代には胃薬として服用していた。現在でも胃腸の働きを整える漢方薬などに使われている。

　フェンネルの若葉や種子は風味が強く、消化促進や消臭に効果がある。そのため、魚の臭み消しや酒類の香り付けなどに用いられている。

ABOUT THE HERB

学名	*Foeniculum vulgare*
分類	セリ科／多年草
和名	ウイキョウ
原産地	地中海沿岸
草丈	1～2m
使用部分	葉、茎、花、種子、根
用途	料理、お茶、美容健康など
効能	利尿、強壮、鎮痛、発汗、消化促進、消臭、去たん、腸内ガスの排出、母乳の分泌促進など

ハーブティー　ダイエットに最適

フェンネルシードを使用するハーブティーは、カレーのようなスパイシーで甘味のある香りがし、さっぱりとした味が特徴。古代ギリシャ時代からダイエットに良いとされてきた。

▶フェンネルティー

効能

腸内のガスを排出して消化を助けるため、むくみや水太りなど、ダイエット全般に効果が期待されている。

その他のアレンジ

ブレンドティーのアクセントとして使う方が飲みやすくなる。特に紅茶とブレンドし、チャイのようにして飲むと、とてもおいしい。

RECIPE

フェンネルシード（大さじ1/2〜1）をポットに入れて熱湯を注ぎ、フタをして5〜8分蒸らす。より成分を浸出したい場合は、乳鉢などで少し砕いてから使用すると効能が増す。

※妊娠中は多量の飲用を控える

料理　魚料理と相性ぴったり

魚料理に合うハーブとして有名で、種子も葉も、魚料理用のソースをはじめ生魚や塩漬け魚の臭み消しなどに使われる。ほか、葉はビネガーやオイルの香り付けに、若葉はサラダに、根はスープなどにも利用される。また、種子はカレー粉の原料としても知られており、消化を助け、口臭を消す効用があることから、インドでは、食後に種子を噛む習慣もある。

▲フェンネルシードを練り込んだ生地を輪形にして焼いた南イタリアの伝統的なパン「タラッリーニ」

（左）フェンネルの葉を添えた白身魚の蒸し物（右）フェンネルで風味付けしたドイツ料理の代表格「ザワークラウト」（キャベツの漬物）

※妊娠中は多量の使用を控える

美容・健康

▶フェンネルの精油

効能（精油）

- 肩こり、腰痛　・むくみ　・胃痛
- 食欲不振　・便秘　・二日酔い
- 自信喪失　・生理痛　・ダイエット
- 更年期障害など

入浴やマッサージに

スパイシーで個性的な香りのなかに、フローラルな香りも見え隠れするフェンネルの精油。便秘や消化機能が落ちているときには、この精油をキャリアオイルで薄めて腹部をマッサージすると効果的。また、残ったオイルはお風呂に入れて入浴すると、むくみや疲労感を軽減してくれる。

※妊娠中、敏感肌の人は使用を避ける

育て方

育てやすさ：★★★★☆

注意点

- 日当たりと風通しが良い場所で育てる
- 草丈が高くなると倒れやすくなるので、支柱を立てる
- ディルなど同じセリ科のハーブと交雑しやすいので注意

▶成長すると1〜2mにもなる

FLAX

フラックス

石器時代から利用される
リネンを生み出す繊維作物

▲フラックスシード（種子）

▶美しい青い花は花壇の縁取りに

茎から強靭な繊維が採れることで知られ、その繊維を紡いだ糸や布は「リネン」と呼ばれる。繊維の原料としての利用は石器時代にまでさかのぼり、紀元前五〇〇〇年代には、古代エジプト人がミイラを包む布などに用いていたという。

現在、日本では北海道で多く栽培が行われている。種子から抽出されるフラックスシードオイル（亜麻仁油《あまに》）は、油絵の具の溶き油や塗料の原料となるほか、食用としても生活習慣病の予防やアレルギーの緩和などに効果があると期待されている。オイルは酸化しやすいので、冷暗所で保存し、早めに使い切るのがよい。また、妊婦は種子とオイルの摂取を避ける。

クラフト

アイピローとして

冷却効果があるといわれるフラックスシード。そのなめらかな感触を生かしたアイピローは、疲れた目を優しく癒してくれる。ラベンダーなど、リラックス効果の高いハーブを組み合わせるのもおすすめだ。

▲種子とフラックスシードオイル

育て方

育てやすさ：★★★★★

- 日当たりと水はけが良ければ手間はかからない
- 移植を嫌うので、種から直まきで育てる

	1	2	3	4	5	6	7	8	9	10	11	12
種まき			━	━					━	━		
花期				━	━	━	━	━				
収穫							━	━				

ABOUT THE HERB

学名　*Linum usitatissimum*
分類　アマ科／一年草
和名　アマ
原産地　カフカス地方〜中東
草丈　60cm〜1m
使用部分　茎、種子
用途　料理、お茶、美容健康、クラフトなど
効能　緩下作用、抗菌など

BLUE MALLOW

ブルーマロウ

美肌効果に優れた「夜明けのハーブティー」

▼「ブルーマロウ」と呼ばれるが、花は美しい赤紫色をしている

▲大きく成長するため、花壇の彩りにも最適

多彩な品種を持つマロウのなかでも、ハーブとして広く利用されているのが、ブルーマロウだ。

その花に熱湯を注げば、美しい青色のハーブティーとなるが、そこにレモン汁を垂らすと、たちまちピンク色へと変化する不思議な現象で知られる。これは、花に含まれるアントシアニンが、レモンに含まれる酸によって色を変えるために起こる化学反応で、その様子から「夜明けのハーブティー」と呼ばれている。

この色彩を長く楽しみたいなら、アントシアニンをより多く含有しているブラックマロウもおすすめ。こちらも優れた抗酸化作用があり、モナコ王妃グレース・ケリーも愛用していたという。

ABOUT THE HERB

学名 *Malva sylvestris*
分類 アオイ科／多年草
和名 ウスベニアオイ
原産地 南ヨーロッパ
草丈 60cm～2m
使用部分 花、葉
用途 料理、お茶、美容健康、クラフトなど
効能 鎮静、鎮痛、収れん、抗炎症、美肌、便秘改善など

ハーブティー

▲マロウティー

色の変化を眺めるだけも癒されるマロウティーだが、味はほとんどないのでハチミツを加えるとよりおいしくなる。

効能
皮膚や粘膜の保護・修復、炎症を鎮めるほか、便通の改善にも良いとされる。特に、夏の疲れた肌を回復させるのにおすすめだ。

育て方

育てやすさ：★★★★★

- 予想以上に大きくなるので、草丈が伸びたら支柱を立てる
- 日当たりと風通しの良い場所で育てる

ア
カ
サ
タ
ナ
ハ
マ
ヤ
ラ
ワ

VETIVER
ベチバー

ほっと心が落ち着く
大地を連想させる香り

▲ベチバーの葉

◀ベチバーの根

熱帯から亜熱帯にかけて生育するイネ科のハーブで、ベチバーの名はタミル語の「まさかりで刈る」という意味の言葉に由来する。和名の「カスカスガヤ」は、インドで「カスカス（香り高い根）」と呼ばれることから付けられたもの。古代インドでは、宗教的な儀式に使う薫香のほか、サシェや虫よけとしても用いられてきた。

精製した精油は、木や土を連想させるエキゾチックな香りが特徴で、インドやスリランカでは「安静の油」と呼ばれる。優れた鎮静作用があり、ストレスや緊張を和らげる効果がある。石けんや香水の原料などにも使用され、シャネルの香水「No5」のベースノートとしても知られる。

美容・健康

就寝前のリラックスタイムに

不安や緊張で寝付きが悪いときは、ベチバーのオイルをティッシュペーパーに1、2滴たらして枕元に置くと、重厚で深みのある芳香が程よく香り、安眠をもたらしてくれる。ラベンダー、ベンゾインなど他のオイルとブレンドしても。

効能（精油）
- 不眠
- 肌荒れ
- ストレスなど

▶ベチバーのオイル

育て方

育てやすさ：☆☆☆☆☆

家庭での栽培には向かない

ABOUT THE HERB

学名	*Chrysopogon zizanioides*
分類	イネ科／多年草
和名	カスカスガヤ
原産地	インド、東南アジア
草丈	2〜3m
使用部分	根
用途	美容、クラフトなど
効能	ストレス・身体化障害の緩和、血行促進、疲労回復、肌荒れ改善など

ア
カ
サ
タ
ナ
ハ
マ
ヤ
ラ
ワ

HOP

ホップ

ビールの風味付けに欠かせないつる性の植物

▶毬花は松ぼっくりに似た形をしている

雌株に咲く毬花《まりばな》がビールの原料になるアサ科の植物。ビールにホップを加える理由は、苦味や香りを与えるほか、殺菌作用によって長く日持ちするためでもある。カスピ海と黒海に挟まれたコーカサス地方では、紀元前一世紀頃からホップを加えたビールが醸造されていたという。

健胃や鎮静効果があるとされ、中世ヨーロッパでは主に薬草として使用されていた。二〇一四年には、ホップに含まれる成分にアルツハイマーの予防効果があると、京都大学とサッポロビール株式会社価値フロンティア研究所が米化学雑誌に発表。ビールの製造過程では、この成分は取り除かれてしまうが、今後の研究に期待が寄せられている。

ABOUT THE HERB

学名　***Humulus lupulus***
分類　アサ科／多年草
和名　セイヨウカラハナソウ
原産地　コーカサス地方
草丈　7~12m
使用部分　花
用途　お茶、クラフトなど
効能　鎮静、利尿、安眠、抗菌、更年期障害の緩和など

ハーブティー

乾燥した毬花をハーブティーに。苦味があるので、飲みにくい場合はハチミツや砂糖を加える。

効能
不安や緊張をほぐす効果があるため、不眠を和らげてくれる。

▲ホップのハーブティー

育て方

育てやすさ：★★★☆☆

- 日当たり、水はけの良い、冷涼な場所を好む
- つるが伸びてきたら、支柱を立てて絡ませる

	1	2	3	4	5	6	7	8	9	10	11	12
植付け			━	━								
花期							━	━	━			
収穫							━	━	━			

BORAGE

ボリジ

▲ボリジの種子

▼星型の花が特徴

聖母マリアの衣装を彩る
星形の青い花

地中海沿岸を原産とし、別名「スターフラワー」と呼ばれる通り、星のような形の青い花を咲かせる。この花の絞り汁は美しい青色をしており、昔の画家たちは、聖母マリアの青い衣装を塗る際に使用したという。

また、葉や花には抗うつ作用やアドレナリンの分泌を促す成分が含まれている。そのため、古代ギリシャ時代から薬用として利用されたほか、ヨーロッパでは古くから「勇気を与える花」と信じられ、中世の騎士たちはボリジのハーブティーを愛飲していた。

花にはほのかな甘味と酸味があり、砂糖漬けにしてケーキなどに用いられる。キュウリに似た風味を持つ若葉は、サラダやフライに最適だ。

美容・健康

効能（精油）

- アトピー
- 乾燥肌
- シワなど

美容オイルとして

ボリジオイルは保湿効果に優れており、肌の水分を保持することから、美肌のオイルとして使用されている。酸化しやすい特徴があり、これを防ぐ目的もあって、他の植物油で希釈してキャリアオイルとして使用されることが多い。

育て方

育てやすさ：★★★★☆

- 日当たりと水はけの良い、乾燥気味の土で育てる
- 過湿に弱いので注意する

	1	2	3	4	5	6	7	8	9	10	11	12
種まき			■	■	■				■	■		
花期				■	■	■	■					
収穫				■	■	■	■	■	■	■	■	

ABOUT THE HERB

学名	*Borago officinalis*
分類	ムラサキ科／一年草
和名	ルリジサ
原産地	地中海沿岸
草丈	60cm～1m
使用部分	葉、花
用途	料理、お茶、美容健康、クラフトなど
効能	抗うつ、鎮痛、強壮、解熱、消炎、肌質改善、発汗、利尿など

072

MARSH MALLOW

マーシュマロウ

「マシュマロ」の由来となったのどをいたわるハーブ

▶ビロードのような手触りの葉を付ける

▲直径2〜3cmほどの可憐な花が咲く

マロウとは別属の植物だが、数あるマロウの仲間のなかでも、特に薬効に優れた品種とされる。古代のシリアやエジプトで食用としての栽培が始まった。

マーシュマロウは根の粘液に薬効成分が最も多く含まれており、のどや腸内の傷付いた粘膜を修復する作用があると考えられており、これを水に溶かして砂糖を加えた飴《あめ》のような甘いペーストを、かつてはマシュマロと呼んでいた。これが現在あるお菓子のマシュマロの由来となったとされている。根は粘膜を保護する効果が強く、他の医薬品の吸収を遅延させることがある。

若葉は野菜としてサラダなどに、葉と花は乾燥させてハーブティーに利用できる。

ABOUT THE HERB

学名 *Althaea officinalis*
分類 アオイ科／多年草
和名 ウスベニタチアオイ
原産地 ヨーロッパ、中央アジア
草丈 1〜2m
使用部分 葉、花、根
用途 料理、お茶、健康、クラフトなど
効能 粘膜保護、抗炎症、鎮痛、去たん、利尿、便秘改善、健胃など

ハーブティー

※薬などを服用する前後2時間は飲用を避ける

根、または乾燥させた花や葉を煮出したハーブティーは、香りが控えめでほのかな甘味ととろみがある。

効能

粘膜を保護し、炎症を和らげる。のどのイガイガやせき、口内炎、胃潰瘍の改善に効果が期待されている。

▶マーシュマロウの根

育て方

育てやすさ：★★★★☆

- 日当たりと水はけの良い土を好む
- 大きく育つので株間を広く空けて植える

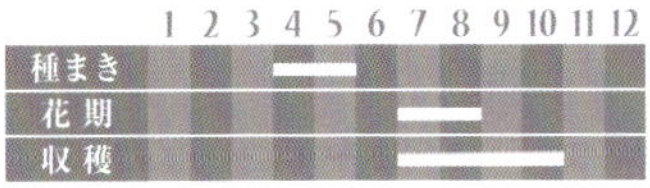

073

MYRTLE

マートル

◀白梅に似た可愛らしい花を咲かせる

愛の女神にささげられた「祝いの木」

▲マートルの果実

「祝いの木」とも呼ばれるマートルは、ギリシャ神話や旧約聖書にも登場する神聖なハーブだ。ギリシャ神話に登場する愛の女神ヴィーナスの神木であることから、ヨーロッパでは女性の純潔を象徴する木として、結婚式の装飾やブーケなどに利用する風習がある。

なお、日本においてはその花が白梅に似ていることから「銀梅花《ぎんばいか》」という名で知られ、茶花としても用いられている。

一方、ユーカリに似た芳香を持つ葉は、揉むと風味が強くなるため、肉料理の香り付けやハーブティーに最適。また、原産地の地中海地方では、マートルの果実のリキュールも作られているなど、さまざまな用途で利用されている。

料理

果実は料理のスパイスに

ブルーベリーを小さく細長くしたような黒い果実は、生食だと渋味が強いため、乾燥させて料理のスパイスとして利用するとよい。肉料理のほか、ワインやバルサミコ酢にも合うので、ソースの風味付けなどにおすすめだ。

▲マートルの果実のリキュール

育て方

育てやすさ：★★★★☆

- 日当たりと水はけの良い場所を好む
- 寒さに弱いので、寒風を避けて植える

	1	2	3	4	5	6	7	8	9	10	11	12
植付け				■	■						■	■
花期					■	■	■					
収穫					■	■	■					

ABOUT THE HERB

学名 *Myrtus communis*
分類 フトモモ科／常緑低木
和名 ギンバイカ
原産地 地中海沿岸
草丈 2〜3m
使用部分 花、葉、枝、果実
用途 料理、お茶、美容健康、クラフトなど
効能 鎮静、収れん、殺菌、抗菌、消炎など

Column 04

ハーブティー症状別ブレンドレシピ１

風邪っぽいときや眠れないとき、仕事の合間にリフレッシュしたいときなど、それぞれの症状に合わせたおすすめのハーブとブレンドレシピ。ハーブが持つ効能や香りを組み合わせて、毎日の体調に合わせた自分だけのハーブティーを楽しんでみよう。

青字……ハーブ
黒字……ハーブ以外の材料

気分をリフレッシュさせたい

ローズ ＋ ラベンダー

バタフライピー ＋ レモングラス

ローズマリー ＋ ペパーミント

ぐっすり眠りたい

オレンジピール ＋ レモングラス ＋ バレリアン

カモミール ＋ ペパーミント

カモミール ＋ レモンバーム ＋ パッションフラワー ＋ オレンジピール

花粉症を改善したい

エルダー

シソ ＋ 菊花 ＋ 緑茶

ネトル ＋ ペパーミント

カモミール ＋ ローズヒップ ＋ エキナセア

風邪を早く治したい

カモミール ＋ タイム ＋ コモンセージ

シソ ＋ ジンジャー ＋ みかん（温州みかん、陳皮） ＋ リコリス

ストレスやイライラを和らげたい

ラベンダー ＋ レモンバーム

キンモクセイ ＋ みかん（温州みかん、陳皮） ＋ 紅茶

頭痛を和らげたい

ラベンダー ＋ ペパーミント

フィーバーフュー ＋ ペパーミント ＋ レモンバーム

MARJORAM
マジョラム

甘い芳香で心を安らげる
幸福のシンボル

▲茎や葉に甘い香りを持つ

◀白い小さな花を咲かせる

地中海沿岸からエジプト、北アフリカを原産とする。一般的に使用されているのは、主に「スイートマジョラム」という種で、「ワイルドマジョラム」と呼ばれるオレガノは、同属異種にあたる。

古代ギリシャ時代にはすでに栽培が行われており、消化促進の薬や香料、化粧品として広く活用されていた。また、幸福のシンボルとして扱われ、婚礼の際にマジョラムの花冠を用いたほか、死者の魂に平安をもたらす植物として、墓地にも植えられていたという。中世のヨーロッパでは、精油を抽出するために重宝され、さらには不思議な力が宿るとして魔よけとしても使われていた。

日本へは明治時代に伝来したものの、一般的に利用されるようになったのは最近になってからのことである。

食用とされるのは主に葉の部分で、甘くスパイシーな香りが特徴的。マジョラムのハーブティーや精油にはストレス解消、安眠などをもたらす効果があるほか、生でも乾燥させても食べることができるため、幅広い料理に用いられる。とりわけトマト料理との相性は抜群だ。

ABOUT THE HERB

学名 *Origanum majorana*

分類 シソ科／多年草

和名 マヨラナ

原産地 地中海沿岸

草丈 30～60cm

使用部分 葉、花

用途 料理、お茶、美容健康、クラフトなど

効能 防腐、鎮静、鎮けい、利尿、消化促進、発汗、温熱、血圧降下、鎮痛など

▲マジョラムティー

ハーブティー　食欲増進と安眠に効果的

強壮茶として飲まれている地域はあるが、スパイシーでほろ苦く、ハーブティーに適しているとはいえない。

▶乾燥させたマジョラムの葉

効能

食前に飲むと食欲を増進させ、食後に飲むと体内の毒素を排出し、消化を促す働きがある。また、鎮静作用にも優れているため、眠る前に飲むと安眠効果を得られる。

RECIPE

乾燥させたマジョラムの葉（大さじ1/2～1）をポットに入れて熱湯を注ぎ、フタをして2～3分蒸らす。

その他のアレンジ

風味を抑えて飲みやすくするには、ネトルやラズベリーなど、マイルドな風味のハーブとのブレンドがおすすめ。

※妊娠中の飲用を避ける
※心臓疾患のある人は使用量に注意する

料理　ソーセージには欠かせないスパイス

イタリア料理では香り付けによく使われ、マトンやホルモンなど、クセのある肉料理とも好相性。なかでも、肉の臭み消しとしてソーセージによく使われることから、ドイツでは「ソーセージのハーブ」とも呼ばれている。葉や茎に甘い芳香とかすかな苦味があり、ミートローフやハンバーグ、シチューなどに。仕上がりの直前に入れると、より香りを残すことができる。

※妊娠中の使用を避ける

▲ポーランドの「ジュレック」。マジョラムやソーセージ、卵などが入った伝統的なスープ

長く保存するには？

使い切れずに残ってしまったマジョラムは、冷凍保存するか、水洗いしてから乾燥させ袋で保存すると、香りも残り長持ちする。さらに、ハーブビネガーにしたり、オリーブオイルに漬けてハーブオイルとしても楽しめる。

◀マジョラムのハーブオイル

▶マジョラムで香り付けしたローストチキン

育て方

育てやすさ：★★★★★

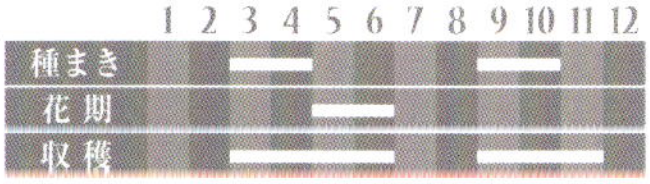

◀小さく密生した葉が特徴

注意点

- 耐寒性がある
- 梅雨や夏の高温期は、風通しを良くして管理する
- 厳冬期は鉢上げをして、室内の暖かい場所に置く

075

ARABIAN JASMINE

マツリカ（アラビアジャスミン）

純白の美しい花から放つ
甘く優美な香り

▶クチナシに似た香りを
放つマツリカの花

甘く上品な香りを放ち、ジャスミン茶の原料となる。ジャスミンとは、約三〇〇種からなるモクセイ科ソケイ属の総称だが、マツリカのみがジャスミン茶の着香に使用される。沖縄で飲まれるさんぴん茶も、マツリカの香りを付けたものだ。フィリピンやインドネシアでは国花として親しまれている。

漢方では、花を日干ししたものを生薬「茉莉花」と呼び、自律神経を整え、気分を落ち着かせてくれる作用がある。また、イライラやもやもやによる食欲不振や胃もたれ、胸のつかえにも有効だ。

古代エジプトでは精油を「媚薬」として使用し、クレオパトラもジャスミンの香りを愛用していたという。

ハーブティー

芳醇な香りを楽しめるお茶。80℃前後のぬるめのお湯で淹れるとよい。

効能

美容効果や胃腸の調整のほか、消臭効果があるので食事の後に飲むと口臭を抑えてくれる。

▲ジャスミンティー

育て方

育てやすさ：★★☆☆☆

- 寒さに弱いので季節に合わせ場所を変える
- 鉢植えは2～3年に1回植え替える

	1	2	3	4	5	6	7	8	9	10	11	12
植付け					—	—			—			
花期							—	—	—			
収穫							—	—	—			

ABOUT THE HERB

学名　*Jasminum sambac*
分類　モクセイ科／常緑半つる性低木
和名　マツリカ
原産地　インド、東南アジア
草丈　1m50cm～3m
使用部分　花、根、つぼみ
用途　お茶、美容健康、クラフトなど
効能　自律神経調整、消化促進、胃もたれ・胸のつかえの改善など

076

MARIGOLD

マリーゴールド

ア
カ
サ
タ
ナ
ハ
マ
ヤ
ラ
ワ

死者の日をオレンジに
染める黄金の花

（左）アフリカンマリーゴールド
（中央）メキシカンマリーゴールド
（右）フレンチマリーゴールド

聖母マリアの祭日に咲いたいたことから「マリア様の黄金の花」とも呼ばれるマリーゴールド。メキシコでは死者の日を彩る花として使われる。

　品種は約五〇種あり、「アフリカン種」「フレンチ種」「メキシカン種」の三つに大きく分けられる。アフリカン種は茎が太く、草丈が大きく育ち、花は大輪咲き。フレンチ種は草丈が小さく、複数の小輪の花が咲き、種類によって一重咲きの花と八重咲きの花がある。メキシカン種は他の二種に比べ葉が細く、花は一重咲きで二センチと小さい。

　観賞目的のほか、根には線虫への防除効果があるため、ガーデニングのコンパニオンプランツとして植えるとよい。

ABOUT THE HERB

学名	*Tagetes*
分類	キク科／一年草、多年草
和名	アフリカン:サンショウギク フレンチ：コウオウソウ メキシカン: ホソバコウオウソウ
原産地	メキシコ
草丈	30cm～1m20cm
使用部分	花
用途	クラフトなど
効能	防虫（ガーデニング）など

クラフト

ドライフラワーに

大輪のマリーゴールドはドライフラワーにしてもボリュームがあるのでおすすめ。形が崩れてしまわないように新鮮なマリーゴールドを使うとよい。

▲マリーゴールドネックレス

育て方

育てやすさ：★★★★★

- 日当たりと風通しの良い場所で育てる
- 土が乾いたら水をたっぷり与える

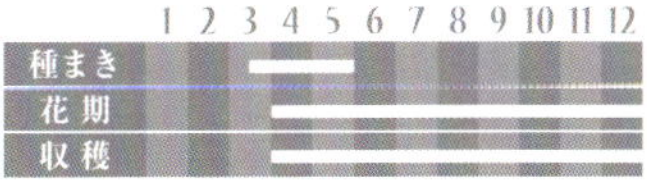

MANDARIN ORANGE

マンダリンオレンジ

子供にも人気のスイートな香り

▲秋から冬にかけて実をつける

▼葉の付いたマンダリンオレンジと断面

中国清朝の官僚のことをマンダリンといい、彼らの着ていた服の色と果実の色が同じであることが、その名の由来となっている。インドのアッサム地方が原産地で、交配を繰り返し世界各地に派生してできた品種がある。他のオレンジと比べて皮が薄く、手でむくことができる。果実はジューシーで酸味が弱く糖度が高く、生食で食べるのが一般的だ。

マンダリンオレンジは非常に香りが良く、香水やケーキなどの成果材料としても使用される。甘みの強い香りはアロマセラピーとして活用され、光毒性の少なさもあり子供にも使いやすいと人気だ。フランスでは「子供のための精油」と呼ばれることもあるそう。

美容・健康

効能

- 不安
- 興奮

オレンジの香りに癒される

甘い香りが特徴のアロマは、交感神経を鎮めて気持ちを穏やかにする作用があり、興奮状態の子供を落ち着かせるほか、不眠に効果がある。

▲マンダリンオレンジのアロマオイル

育て方

育てやすさ：★★★★☆

- 日当たりが良く水はけの良い場所で育てる
- 耐寒性が低いため寒冷地では鉢植えで育てる

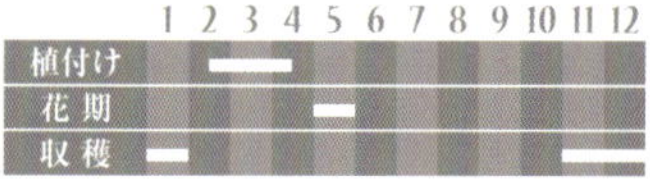

ABOUT THE HERB

学名	*Citrus reticulata*
分類	ミカン科／常緑低木
和名	マンダリン
原産地	インド、アッサム地方
樹高	30cm〜1m20cm
使用部分	果実
用途	料理、お茶、美容健康など
効能	食欲増進、消化改善、リラックス効果、美容効果など

078

CITRUS UNSHIU

みかん（温州みかん）

日本生まれの
みずみずしい香り

▲完熟した温州みかん

▲温州みかんの皮を乾燥させた陳皮

約五〇〇年前の鹿児島県不知火海沿岸で、中国から持ち帰った柑橘の種から偶発実生したといわれている。常緑低木の果実で、多くの品種が栽培されており、主に食用として利用されている。β-クリプトキサンチンが非常に多く含まれ、この成分には強い発ガン抑制効果があるという研究報告があり近年注目されている。

　また、温州みかんの皮も様々活用されており、乾燥させ生薬として利用するほか、皮から取れる精油はアロマセラピーや香水、洗剤に活用されている。さらに精油に含まれるリモネンという成分には合成樹脂を溶かす性質があり、プラスチックモデル用の接着剤など、用途が広がっている。

ABOUT THE HERB

学名　*Citrus unshiu*
分類　ミカン科／常緑低木
和名　ウンシュウミカン
原産地　日本
樹高　1m50cm～2m50cm
使用部分　果実、果皮
用途　料理、お茶、美容健康など
効能　疲労回復、整腸、リラックス効果、骨粗しょう症予防など

料理

薬味の一つとして

温州みかんの皮を乾燥させて作る陳皮《ちんぴ》と呼ばれる生薬は、新鮮なものだと七味唐辛子の材料として使われる。辛さの中にほのかに感じる柑橘の香りが料理をより引き立ててくれる。

▲七味唐辛子

育て方

育てやすさ：★★★★☆

- 深さと幅が約50cmの植え穴を作り植えつける
- 秋から冬にかけては乾燥気味にさせる

	1	2	3	4	5	6	7	8	9	10	11	12
植付け			■	■								
花期					■	■						
収穫	■									■	■	■

079

JAPANESE HONEYWORT

ミツバ

日本料理に添える
爽やかな香り

▶ミツバのなかで最も
ポピュラーな糸ミツバ

日本では江戸時代から栽培され、鍋や吸い物、おひたしなど広く用いられてきたミツバ。葉が三つに分かれていることが名前の由来だ。

ミツバは主に「根ミツバ」「切りミツバ」「糸ミツバ」の三種類がある。根ミツバは根が付いたままの状態で出荷されるもので、茎が太く、根は細いごぼうのような見た目だ。葉から根まで食べられるので、おひたしやかき揚げなど、ミツバをメインとした料理に多く使われる。

切りミツバは根が切り取ってあるもの。茎が白く見栄えが良いので正月料理などに向いている。糸ミツバは最も一般的なミツバで、吸い物や丼物の香り付けなど、飾りとして使用されることが多い。

料理

豊かな香りを楽しむ

葉ミツバの風味は、熱を加えると薄くなってしまうため、できるだけ火を通さず、椀に盛ってから添えると香りをより楽しめる。根ミツバは加熱した方が食べやすくなり、おひたしなどの料理に向いている。

▲鰹節とあえて根ミツバのおひたしに

育て方

育てやすさ：★★★★★

- 直射日光を避け半日陰の湿度が高い場所で育てる
- 種まきの前日に一昼夜水に浸してから種をまく

	1	2	3	4	5	6	7	8	9	10	11	12
種まき			━	━					━	━		
花期						━	━					
収穫			━	━	━	━	━	━	━	━		

ABOUT THE HERB

学名　*Cryptotaenia japonica*
分類　セリ科／多年草
和名　ミツバ、ミツバゼリ
原産地　日本、中国
草丈　40〜50cm
使用部分　葉、茎
用途　料理、健康など
効能　ストレス・イライラの緩和、肩こりの緩和、食欲不振の改善など

080

MYOGA

ミョウガ

爽やかな香りと食感を持つ
和食に欠かせない香味野菜

▲夏と秋に旬を迎えるミョウガ

▲ミョウガの断面

三世紀末に書かれた中国の書物『魏《ぎ》志《し》倭《わ》人《じん》伝《でん》』に記載されているなど、古い歴史を持つ。一般的にミョウガとして使用されているのは、花が咲く前のつぼみにあたる部分だ。

日本では古くは、不眠症や生理不順に効く生薬として用いられていた。江戸時代には「ミョウガを食べると物忘れがひどくなる」といわれていたが、近年は、ミョウガの香り成分に頭をすっきりさせる働きがあると期待されている。

シャキシャキとした食感や、特有の香りとほのかな苦味が食欲をそそり、和食には欠かせない香味野菜となっている。現在、食用としているのは日本を含めるアジアの一部のみとなっている。

ABOUT THE HERB

学名　*Zingiber mioga*
分類　ショウガ科／多年草
和名　ミョウガ
原産地　東アジア
草丈　30cm〜1m
使用部分　つぼみ、茎
用途　料理など
効能　発汗、食欲増進、抗菌、解毒、血行促進、風邪の予防、生理痛・生理不順の緩和など

料理

和食の薬味に大活躍

ミョウガはあくがあるので、水にさらしてから使うのが一般的。千切りにして刺身のツマにしたり、細かく刻んで麺類などの薬味として利用するほか、甘酢漬けや天ぷらにしてもおいしく食べられる。

▲麺類の薬味として

育て方

育てやすさ：★★★★☆

- 半日陰で夏の高温と乾燥が避けられる場所を好む
- 地植えにすると地下茎でかなり増える

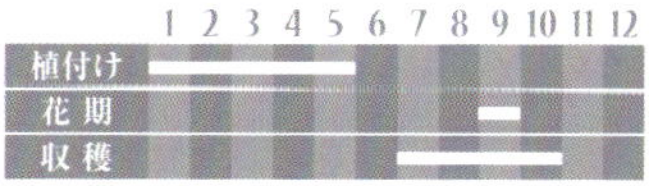

MINT

ミント

爽やかな香りが好まれる
ハーブの代表格

▲スペアミントの葉

▶スペアミントより葉が
尖っているペパーミント

今や日本人にも広く親しまれているミントは、ギリシャ神話に登場する妖精「メンタ」に由来してその名が付けられた。

このメンタという妖精は非常に美しく、地獄の神ハデスに愛されたことで、妻のペルセフォネの嫉妬を買い、姿を草に変えられてしまった。それが現在のミントとなり、あの清涼感のある芳香で、今なお自分の存在を周囲に知らせているのだという。

こうした神話が残されているように、ミントは三五〇〇年も前から親しまれてきたハーブだ。現在は六〇〇を超える品種があり、主にペパーミント系とスペアミント系に大別される。鼻に抜けるような特徴的な芳香はペパーミントの方が強く、ガムや歯磨き粉に利用されることが多い。また、ヨーロッパで薬用に利用されているミントのほとんどがペパーミントで、その精油には、強力な抗菌作用や冷却作用がある。

一方のスペアミントは、ペパーミントよりも長い歴史を持っている。こちらの方が甘味が強く、爽快感や香りも柔らかいため、菓子や酒に多用されている。

ABOUT THE HERB

学名 *Mentha piperita*（ペパーミント）
Mentha spicata（スペアミント）

分類 シソ科／多年草

和名 ハッカ

原産地 ユーラシア大陸

草丈 10cm～1m

使用部分 葉、花、茎

用途 料理、お茶、美容健康、クラフトなど

効能 鎮静、鎮痛、発汗、強壮、去たん、殺菌、解熱、消炎、冷却など

料理　デザートとの相性は抜群！

▲パンケーキのトッピングに

料理には、主に生の葉を使用する。ソースなどの香り付けに使うほか、そのままサラダの飾りにしたり、砂糖漬けにして紅茶に入れたりする。リンゴのようなフルーティーな香りのアップルミントは、デザートとの相性抜群。また、チョコレートとの相性も良く、チョコミントアイスは定番の人気フレーバーだ。

▶チョコミントアイス

◀トルコのミントティー

ハーブティー

食後にうれしい消化促進効果

世界中で好まれるミントティー。飲酒が禁止されているイスラム教圏ではよく飲まれている。

効能

気持ちを鎮めてリフレッシュさせるほか、風邪の初期症状や消化促進などにも効果があるとされる。

RECIPE

フレッシュミントの葉（小枝3本分）とドライミント（小さじ1）をポットに入れて熱湯を注ぎ、3～5分待つ。氷を入れたコップに注げば、アイスミントティーとしても楽しめる。

その他のアレンジ

キューバ発祥のモヒートは、夏にぴったりのカクテル。砂糖、ライム、ミントを混ぜ合わせて氷を入れ、ラム酒と炭酸水を注げば完成だ。

▶カクテル「モヒート」

育て方

▶群生したスペアミント

育てやすさ：★★★★★

注意点

- やや湿り気味の土を好む
- 極端な乾燥と多湿を避ける
- ミント同士は交雑しやすいため、株間を1m以上空け、鉢植えは毎年植え替える
- 苗からが育てやすい

美容・健康

効能（精油）

- イライラ
- 眠気
- ニキビ
- 花粉症
- 頭痛
- 消化不良
- 吐き気
- 筋肉痛

▲乾燥させたミントの葉

ドライで

乾燥させた葉は、ポプリや匂い袋に入れると殺菌・防虫効果がある。

◀スペアミントと精油

入浴に

フレッシュミントの葉をお風呂に入れると、肌をさっぱりさせる効果がある。

※妊娠中、授乳中、乳幼児、敏感肌の人は使用を避ける

082

YARROW

ヤロウ

傷ついた兵士たちを癒した
英雄アキレスの薬草

▶愛らしい白い花はドライフラワーとしてもおすすめ

古代ギリシャ時代にはすでに止血のためなどの薬用として用いられていた。学名の「アキレア」とは、ギリシャ神話に登場する英雄アキレスが、トロイ戦争で傷ついた兵士たちを救う際にヤロウを使用したという逸話に由来しており、ヨーロッパでは実際に、戦地に赴く兵士たちがヤロウを持参して傷の手当てに使用していた。

　また、フランスやアイルランドでは「聖ヨハネのイブの薬草」と呼ばれ、病気を防ぐために門戸につるす風習があったほか、その解熱作用や整腸作用などを利用して、今も薬として用いられている。

　日本においても、ノコギリソウという在来種が自生していたが、明治時代にヨーロッパから園芸用のセイヨウノコギリソウが持ち込まれると、たちまち日本各地に広まって帰化し、今やこちらの方が多く見られるようになった。

　なお、スウェーデンでは古くからヤロウをビールの製造やリキュールの風味付けなどに利用しており、現在も生の葉をサラダに加えたり、乾燥させてスパイスや調味料にしたりと、食用としても人々の生活に浸透している。

ABOUT THE HERB

学名　*Achillea millefolium*
分類　キク科／多年草
和名　セイヨウノコギリソウ
原産地　ヨーロッパ
草丈　50cm〜1m
使用部分　葉、花、茎
用途　料理、お茶、美容健康、クラフトなど
効能　止血、解熱、殺菌、収れん、鎮痛、抗炎症、創傷、健胃、血行促進など

▲ヤロウのハーブティー

ハーブティー　すっきりした後味

ヤロウのハーブティーは、くっきりとした香りと少し辛味のある味が特徴。ハチミツを加えるとさらにおいしくいただける。

効能

キク科のヤロウは体の中の余分な熱を冷ます働きがあるため、風邪やインフルエンザなど感染症の熱や炎症があるときにおすすめ。また、ネガティブな気分を浄化してくれるともいわれる。

RECIPE

乾燥させたヤロウ(大さじ1)をポットに入れて熱湯を注ぎ、フタをして2〜3分蒸らす。

▲乾燥させたヤロウはハーブティーのほかポプリとしても利用できる

その他のアレンジ

ロマなどの移動民族から伝わったとされる、ヤロウ、エルダー、ミント(各小さじ1/3)のブレンドティーは、風邪をひいたときのレシピとして、古くからヨーロッパで飲まれている。

※妊娠中の人やキク科アレルギーの人は飲用を避ける

美容・健康

効能(精油)

- 冷え性 ・頭痛 ・胃痛 ・肌荒れ、ニキビ
- 不眠 ・不安 ・生理痛など

▶乾燥させたヤロウをアルコールに漬けたハーブチンキ。化粧水などに応用できる

▲ヤロウの精油

入浴に

ヤロウの花の開花期に、花、葉、茎を刈り取って乾燥させたものを布袋に入れて湯船に浮かべると、肌のシミやくすみに効果的。また、鍋に沸騰させたお湯でヤロウを煮出し、こした液を湯船に入れてもOK。皮膚の炎症を鎮め、新陳代謝を活発にするマリーゴールドや、血行を良くするローズマリー、ニキビによいラベンダーなどを組み合わせると、疲れた筋肉や肌を癒す効果がさらに高まる。

※妊娠中は使用を避ける。パッチテストを必ず行う

虫刺されや傷あとに

抗菌作用に優れたミツロウ(蜜蝋)やキャリアオイルにヤロウの精油を加えたクリームは、虫刺されや傷あとに塗ると、肌の炎症を鎮めて治りを早めてくれる。

▲ヤロウのクリーム

育て方

育てやすさ：★★★★★

◀7月頃になると傘状の花を咲かせる

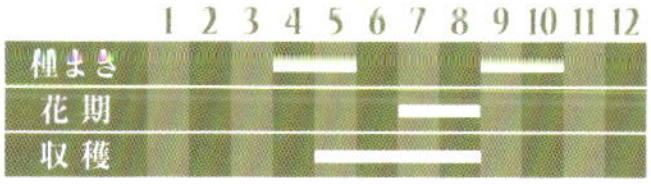

注意点

- 寒さに強く、やや乾燥気味の土を好む
- やせた土のほうが丈夫に育つので、肥料は控えめにする

EUCALYPTUS

ユーカリ

抗炎症、抗菌作用に優れた
コアラの大好物

▲オーストラリアでは「ガムナッツ」と呼ばれるユーカリの実

◀ユーカリの精油は葉から抽出される

コアラの主食として知られているユーカリは、オーストラリアを中心に五〇〇以上もの品種が存在している。古くから先住民のアボリジニが傷を癒すために薬用として使用しており、一八世紀頃には観賞用としてヨーロッパへと伝わった。

現在では、「レモンユーカリ」をはじめとする芳香のある種と、「ギンマルバユーカリ」のような見た目の美しい観賞用の種が主に流通している。また、ユーカリの精油には抗炎症作用や抗菌作用があるとして、花粉症の症状緩和などにも活用されている。

ユーカリは非常に成長が早く乾燥にも強いことから、近年は乾燥地帯の緑化樹としても需要が高まっている。

美容・健康

効能（精油）

- 筋肉痛
- 風邪
- のどの痛み
- 虫刺されなど

のどの痛みや風邪に

ミントよりも刺激が強い香りがあり、優れた消毒作用と抗炎症作用を発揮する。ルームフレグランスや入浴剤として使うと、風邪やのどの痛み、花粉症に効果的だ。

※ハーブティー専門店などで販売されているユーカリの茶葉を使うこと

育て方

育てやすさ：★★★☆☆

- 予想以上に大きくなるので、高さを抑えたい場合はこまめに剪定する

	1	2	3	4	5	6	7	8	9	10	11	12
種まき				―	―	―	―	―	―			
花期					―	―	―	―				
収穫	―	―	―	―	―	―	―	―	―	―	―	―

ABOUT THE HERB

学名	*Eucalyptus spp.*
分類	フトモモ科／常緑高木
和名	ユーカリノキ
原産地	オーストラリア
草丈	6〜50m
使用部分	葉
用途	お茶、美容健康、クラフトなど
効能	殺菌、抗炎症、解毒、花粉症の緩和、鎮痛など

084

YUZU

ユズ

古くからなじみのある
ほのかに苦味のある香り

▲皮を刻むとよりユズの香りを楽しめる

▲ユズの花は白く小さい

日本料理等の調味料として用いられることの多いユズは、生産量、消費量ともに日本が最大で、飛鳥・奈良時代から栽培されていたとされている。英名はそのまま「Yuzu」と呼ばれている。

酸味が強く生食には向かないため、加工されることが多い。ジャムやゆべしなどの甘い食品から、柚子胡椒や柚子味噌、ポン酢などの調味料まで、幅広く用いられている。

冬至の日にユズを湯船に浮かべる「ゆず湯」は、江戸時代から始まったといわれており、血行を改善し、神経痛を和らげるといわれている。

ほのかに苦味を含んだ爽やかなユズの香りは近年人気があり、化粧品や香水などに用いられている。

ABOUT THE HERB

- 学名　*Citrus junos*
- 分類　ミカン科／常緑小高木
- 和名　ユズ
- 原産地　中国、日本
- 樹高　2m
- 使用部分　果実、果皮
- 用途　料理、お茶、美容健康、クラフトなど
- 効能　血行促進、強壮、疲労回復、自律神経のバランス調整、冷え症の改善など

料理

疲れや風邪予防に

輪切りにしたユズと同量のハチミツを容器に入れ冷暗所で保存する。免疫力増加、血流改善、疲労回復やリラックスに効果が期待できる。

※1歳未満の乳児には与えないこと

▲ユズのハチミツ漬け

育て方

育てやすさ：★★★★★

- 水はけが良く、保水性の高い土を使う
- 鉢植えの場合、赤玉土と腐葉土を混ぜる

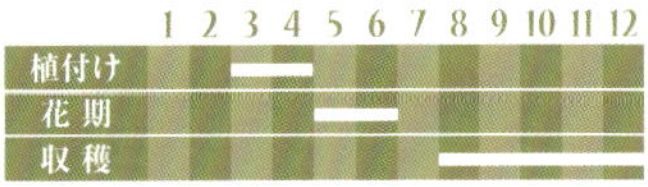

YOMOGI

ヨモギ

さまざまな薬効を持つ
身近な万能薬

▶ヨモギの葉裏の毛はお灸に使うモグサになる

山野に自生するほか、道端や空き地などでも見かける身近な存在のハーブ。日本では七～八世紀に編さんされた『万葉集』に登場するなど、古い歴史を持つ。

「ハーブの女王」と称されるほどに万能な薬草で、ホウレンソウの約一〇倍に及ぶ食物繊維を含んでおり、血圧の改善やコレステロール値の低下などに効果がある。

漢方では「艾葉《がいよう》」といい、冷えや月経痛などに悩む女性を癒やす。血の巡りを改善するので、肩こりやクマなどにも良いとされる。また、生のヨモギや生薬を煮立たせて、その蒸気を吸収する韓国古来の民間療法「ヨモギ蒸し」は、婦人科系の症状や美肌にも効果が期待されている。

料理

爽やかな香りを楽しむ

ゴマ和えや天ぷらなど食べ方はさまざまだが、独特の香りを楽しむには草団子がおすすめ。ゆでた若葉をすりつぶし、餅と混ぜ合わせれば完成。また、乾燥させた葉で入れるヨモギ茶は、苦味や雑味がなくやさしい味わいだ。

▼草団子

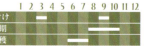

育て方

育てやすさ：★★★★★

- 繁殖力が非常に強いので、植える場所に気を付ける
- 春や秋はアブラムシの大発生に注意する

	1	2	3	4	5	6	7	8	9	10	11	12
植付け			―						―			
花期								―	―	―		
収穫						―	―					

ABOUT THE HERB

学名	*Artemisia princeps*
分類	キク科／多年草
和名	ヨモギ
原産地	日本、朝鮮半島
草丈	50cm～1m
使用部分	葉
用途	料理、お茶、美容健康など
効能	抗酸化作用、整腸、美肌、疲労回復、視力回復、抗がん、ダイエット効果、温熱など

Column 05
ハーブティー症状別ブレンドレシピ 2

冷え性や月経痛を和らげたい

サフラワー ＋ ヨモギ

シナモン ＋ カルダモン

肌荒れを改善したい

ダンディライオン ＋ カレンデュラ

カモミール ＋ ローズ ＋ ローズヒップ

ラベンダー ＋ カモミール ＋ カレンデュラ

食べ過ぎたなと思うとき

フェンネル（シード） ＋ 八角

コリアンダー（シード） ＋ ジンジャー

肩こりや筋肉痛を和らげたい

タイム ＋ ローズマリー

肌の活性化

ゲットウ ＋ レモングラス

ローゼル ＋ ローズヒップ

Arrangement

水出しハーブティーの作り方

暑い日やお風呂上がりなど、特にリフレッシュしたいときには冷たいハーブティーもおすすめ。熱湯で入れたものよりも渋味がまろやかになるというメリットもある。

ミネラルウォーター …… 750ml
ドライハーブ …… 5〜10ｇ

・水道水の場合は、沸騰させてから常温に冷ましておく
・味が出やすいハーブは量を少なめにする

1. 分量のハーブをボトルに入れ、常温の水を注ぐ。ボトルにフィルターなどがない場合は、お茶パックなどにハーブを入れる
2. 冷蔵庫に入れて3〜10時間ほど置く
3. ハーブの味や色が十分に出たら完成

LAVENDER

ラベンダー

薄紫色の美しい花と甘く優雅な芳香が愛されるハーブの代表格

◀ラベンダーの品種のうち、最も代表的なコモンラベンダー

ヨーロッパでは古くからポピュラーな薬草として、消毒や虫よけに利用されていたというハーブ。古代ローマ人が沐浴《もくよく》や洗濯に利用していたことから、その名前は「洗う」を意味するラテン語「ラヴァレ」に由来している。

二〇世紀のフランスの科学者ルネ・モーリス・ガットフォセは、やけどを負った際、とっさにラベンダーの精油をかけて傷を回復させたことから、アロマテラピーという言葉を生み出し、本格的な研究が開始されたという。

日本で栽培が行われたのは昭和初期のこと。香水や化粧水の原料として精油を生産するために、フランスから五キロ分の種子を輸入し、北海道で栽培が始められた。しかし、昭和四〇年代に入ると海外から安価な香料が次々と輸入され、ラベンダー産業は衰退。現在栽培されているものは、ほとんどが観賞用だ。

利用法としては、主にアロマオイルやポプリの原料となることが多く、特に香りの強い茎の部分は、精神安定や安眠に高い効果が期待できる。このほかにも、ハーブティーや入浴剤、化粧品として幅広く利用されている。

ABOUT THE HERB

学名	*Labandula angustifolia*（コモンラベンダー）
分類	シソ科／常緑小低木
和名	ラベンダー
原産地	地中海沿岸
草丈	30cm〜1m
使用部分	葉、花、茎
用途	料理、お茶、美容健康、クラフト、染料など
効能	鎮痛、鎮静、安眠、防虫、殺菌、消毒、消炎、消臭、疲労回復など

ア
カ
サ
タ
ナ
ハ
マ
ヤ
ラ
ワ

ハーブティー　リラックス効果抜群

シャープですがすがしい風味と、特有の甘い香りが特徴。香りが強過ぎて飲みにくい場合は、少なめに入れてハチミツで甘味を加えて。

▲ラベンダーティー

効能

緊張や不安で眠れないときや、イライラしたときに飲めば気分が落ち着き、リラックスできる。

RECIPE

乾燥させたラベンダー（大さじ1/3～1/2）をポットに入れて熱湯を注ぎ、2～3分待つ。

その他のアレンジ

シングルで入れた際の強い風味が苦手という人は、ローズ、レモンバーム、ミントなど、香りが強いハーブとブレンドすると飲みやすくなる。

※妊娠中は多量の飲用を避ける

美容・健康

▶ラベンダーの精油

効能（精油）

- 神経疲労
- 不眠
- ニキビ
- 虫さされ
- やけど
- 水虫
- 頭痛、生理痛
- 筋肉痛
- 高血圧など

スキンケアに

ラベンダーの精油には、肌細胞を活性化させる働きがあるため、洗顔後に気になる部分に塗るだけで、シミを白くする効果が期待できる。ただし、体質によるため直接肌につける際は特に注意が必要。パッチテストなどは必ず行うように。

◀（左から）ラベンダーのバスソルト、キャンドル、石けん

入浴に

古代ローマ時代から、浴槽にラベンダーの花を入れて香りを楽しむ風習があったという。乾燥したラベンダーの花を目の粗い布袋に入れて湯に入れるほか、精油を数滴たらしても効果がある。肌への刺激も穏やかで、子どもの入浴にも使えるが、精油は乳化剤などで大人の使用量の1/10程度に希釈して使う。

育て方

▶インテリアとしても最適

育てやすさ：★★★☆☆

	1	2	3	4	5	6	7	8	9	10	11	12
植付け			━	━	━							
花期					━	━	━					
収穫					━	━						

注意点

- 種類が多く40種類近くある
- 種より苗からのほうが育てやすい
- 高温多湿が苦手なので、風通しを良くする
- 水と肥料は控えめにする

クラフト

▶ラベンダーのサシェ

さまざまな場面で役立つ香りの効果

ラベンダーのドライフラワーで作ったサシェは、クローゼットに入れると殺菌、防虫効果がある。枕元に置いたりアイピローとして使ったりすると、目の疲れを癒し高いリラックス効果も得られる。車に置くと車酔いの予防にもなる。

料理　お菓子の風味付けに

フランスでは、柔らかな花の香りを生かして料理に使用することもあるが、香りが強いため、少量ずつ利用するとよい。特に、生地に練り込んで焼いたラベンダークッキーは、午後のリラックスしたティータイムにはぴったりのおやつだ。

▶ラベンダークッキー

LIQUORICE

リコリス

「百毒を解す」と称される
漢方で最もよく使用される薬草

▲リコリスの葉と花

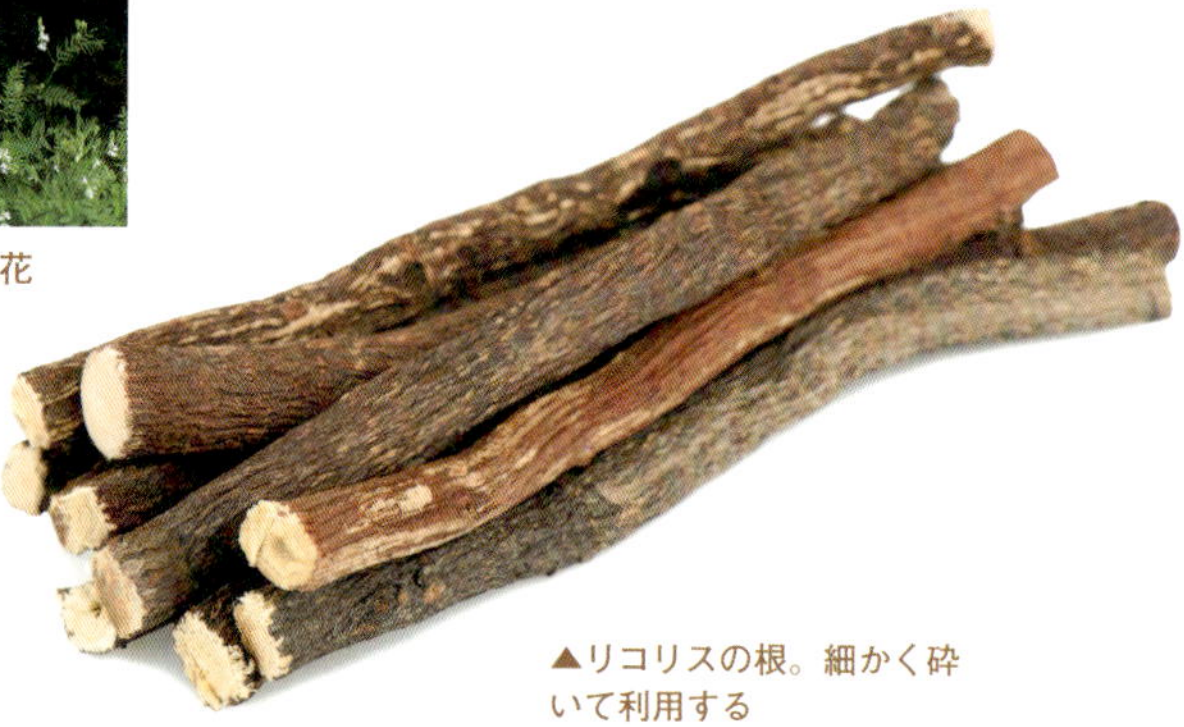

▲リコリスの根。細かく砕いて利用する

地中海沿岸を原産とするリコリスは、マメ科カンゾウ属のハーブ。園芸で「リコリス」といえばヒガンバナ属を意味することがあり、異なる植物なので注意が必要だ。

古くは古代ギリシャの時代から医療に利用されており、中国最古の薬物書「神農本草《しんのうほんぞう》経《きょう》」において生命を養う養生薬として、漢方薬に頻繁に利用されてきた。

その根がショ糖の約五〇倍もの甘味を持つことから、「甘い根」という意味のギリシャ語に由来して名付けられた。このため現在では、ダイエットに適した低カロリー甘味料として需要があるほか、欧米ではリコリス菓子やリキュールとして多用され、子どもから大人まで幅広い人気がある。

料理

のど飴《あめ》として

日本では人気が低いものの、北欧やアメリカでは好んで食べられているリコリス菓子。色や形状が苦手という人は、リコリスの根を煮詰めて作るのど飴がおすすめ。昔懐かしいべっ甲飴風の飴が出来上がる。

▼グミのような食感のリコリス菓子

育て方

育てやすさ：★★★☆☆

- 日当りの良い、湿り気のある肥えた土に植える
- 筒栽培で育てると、日本でも成長しやすくなる

	1	2	3	4	5	6	7	8	9	10	11	12
種まき			—	—								
花期						—	—				—	—
収穫	—	—									—	—

ABOUT THE HERB

学名 *Glycyrrhiza glabra*
分類 マメ科／多年草
和名 スペインカンゾウ
原産地 地中海沿岸
草丈 60〜90cm
使用部分 葉、花、茎、根、種
用途 料理、お茶、美容健康、クラフトなど
効能 緩和、去たん、強壮、緩下、鎮静、抗ストレス、解毒など

088

RUE

ルー

悪霊や疫病を追い払う「神の恩恵のハーブ」

▲黄色く可憐な花を咲かせる

別名で「ヘンルーダ」とも呼ばれるルーは、独特の甘い芳香があり、強力な殺菌効果と除虫効果で知られる。このことから、中世ヨーロッパでは悪霊を追い払い、疫病から身を守る神聖な植物として、「ハーブ・オブ・グレイス(神の恩恵のハーブ)」と呼ばれていた。日本での古名は「芸《うん》香草《こうそう》」といい、伝来時期には平安時代と江戸時代初期、江戸時代末期と諸説ある。

かつては食用としても利用されていたが、直接触れるとかぶれるなど、今では毒性が含まれていることが判明し、主に観賞用として利用されている。また、ルーの香りをネコが嫌うことから「猫不寄《ねこよらず》」とも呼ばれ、庭に植えると虫よけやネコよけにもなる。

ABOUT THE HERB

学名	*Ruta graveolens*
分類	ミカン科/常緑小低木
和名	ルー
原産地	地中海沿岸
草丈	50cm〜1m
使用部分	葉、茎、花
用途	クラフトなど
効能	防虫、除虫、殺菌など

クラフト

優れた防虫効果を活用する

ルーの葉や花を乾燥させると、さらに香りが強まる。黄色い可憐な花はドライフラワーにして部屋の飾りにするのもおすすめ。また、本の間に木の葉を挟んだり、小枝を食品庫などに吊るしておくと、防虫効果抜群だ。

▲乾燥させたルーの茎葉

育て方

育てやすさ：★★★☆☆

- 茎葉から出る汁に触れると皮膚炎を起こすことがある
- 寒さや乾燥に強く、病虫害も少ないので育てやすい

	1	2	3	4	5	6	7	8	9	10	11	12
種まき				━	━							
花期						━	━	━				
収穫					━	━	━	━	━			

ROCKET

ルッコラ

クレオパトラが好んで
食べたという
古くから愛されるハーブ

▲ルッコラの葉

かつてほれ薬の効果があると信じられており、古代ローマ時代から栽培されてきた。英語では「ロケット」とも呼ばれているが、日本にはイタリア料理とともに広まったため、イタリア名であるルッコラが一般的に名称として知られるようになった。

ゴマのような風味と独特の苦味を持ったハーブで、生でサラダに使うのが一般的。また、ピザや炒め物など加熱して食べることもできる。種は強壮作用があるとされており、ハーブティーとして利用されている。

β-カロテン、鉄分、ビタミンCなどが豊富に含まれ、非常に栄養価が高く、古代エジプトではクレオパトラが食べていたといわれている。

料理

サラダに最適

あくがなく下処理が不要なので、洗って切って盛るだけでサラダにできる。茎の部分は生で食べるにはやや固いが、ピザやパスタなどの温かい料理にトッピングすると食べやすい。

▲ルッコラとナシとクルミのサラダ

育て方

育てやすさ：★★★★★

- 耐寒性はあるが高温多湿に弱いので夏は注意する
- 日当たりと風通しの良い場所で育てる

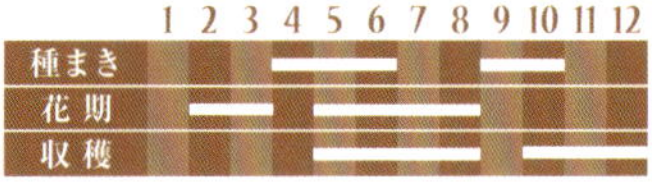

ABOUT THE HERB

学名　*Eruca sativa*
分類　アブラナ科／一年草
和名　キバナスズシロ
原産地　地中海沿岸
草丈　20〜50cm
使用部分　葉、花、茎
用途　料理、お茶など
効能　健胃、抗酸化作用、美肌、デトックス効果、血栓予防、抗菌など

090

RHUBARB

ルバーブ

爽やかな酸味がクセになる
ジャムに最適なハーブ

▲赤い葉柄が特徴のルバーブ

ヨーロッパでは非常にポピュラーな食材。原産地はシベリア南部とされており、紀元前三〇〇〇年頃から栽培されている。

食物繊維を豊富に含み、消化促進に効果があることから、中国においては近縁種を下剤などの漢方薬として処方されていた。日本へは明治時代に持ち込まれたものの、あまり広くは浸透せず、現在も長野をはじめとする一部の地域でしか生産されていない。

現在食用として栽培されているルバーブは、主に太い葉柄の部分が食べられ、リンゴに似た酸味とアンズに似た芳香が特徴。ジャムや砂糖漬けにされることが多い。葉には有毒なシュウ酸が含まれているため食用にならない。

ABOUT THE HERB

学名　*Rheum rhabarbarum*
分類　タデ科／多年草
和名　ショクヨウダイオウ
原産地　シベリア
草丈　1~2m
使用部分　茎、根
用途　料理、お茶、美容健康、染料など
効能　瀉下《しゃげ》、抗炎症、抗菌、収れんなど

料理

ジャムとして保存食に

ルバーブの根元と葉を切り落とした葉柄を2~3cm大に切り、砂糖と一緒に煮込んで仕上げにレモン汁を加えると完成。白ワインやラム酒を加えると、大人の味わいを楽しめる。

▲鮮やかなピンク色が美しいルバーブのジャム

育て方

育てやすさ：★★☆☆☆

- 日当たりと水はけの良い場所で栽培する
- 過湿、暑さ、乾燥に弱いので気を付ける

LEMON GRASS

レモングラス

東南アジア料理に欠かせない
レモンの香りのハーブ

▼東南アジアでは茎の部分も料理に利用する

◀乾燥させたレモングラスの葉

ススキによく似たイネ科のレモングラスは、葉にレモンと同じ香り成分であるシトラールを含み、レモンのような風味を持つ。

料理やハーブティーでの利用が一般的で、肉や魚との相性がいい。東南アジア料理やカリブ料理などで利用されることが多い。タイ料理を代表するスープ「トムヤムクン」には欠かせないスパイスで、チリペッパーの辛味を抑え、爽やかな香りが料理を引き立たせる。レモングラスのハーブティーには疲労回復や消化促進の効果があるため、食後などに飲まれている。

葉から抽出される精油には美肌効果があり、化粧水の原料になっているが、肌に使う場合は注意が必要。

ハーブティー

乾燥葉でもおいしくいただけるが、生の葉の方がよりフレッシュなレモンの香りを楽しめる。

効能

朝起きたときや眠いときに飲むと気分がリフレッシュするほか、胃の働きを刺激し、消化を促進するので食後にもおすすめ。

▲冬はホットがおすすめ

育て方

育てやすさ：★★★☆☆

- 日当たりが良く、湿った暖かい環境を好む
- 夏は葉が伸びるので、こまめに株元から切り取って使う

	1	2	3	4	5	6	7	8	9	10	11	12
根付け				━	━	━	━	━	━			
花期												
収穫						━	━	━	━	━		

ABOUT THE HERB

学名　*Cymbopogon citratus*
分類　イネ科／多年草
和名　レモンガヤ、レモンソウ
原産地　東南アジア
草丈　1m〜1m80cm
使用部分　茎、葉
用途　料理、お茶、美容健康、クラフト、染色など
効能　防虫、殺菌、消化促進、血行促進、消臭など

Column 06

ハーブビネガー&バターの作り方

ハーブビネガーの作り方

ハーブを好みの食酢に漬けて作るハーブビネガーは、マリネやスープ、ドレッシングにおすすめ。

【材料】ハーブ各種 …… 適量
食酢 …… 適量
スパイス各種 …… 適量

おすすめハーブ

- ガーリック
- セージ
- タラゴン
- タイム
- ローゼル
- ディル
- フェンネル
- ペッパー
- レモンバーム
- バジル
- ローズヒップ
- ミント
- ローズマリー
- みかん（温州みかん、陳皮）など

1 フレッシュハーブはよく洗って、キッチンペーパーなどで水気をしっかり拭き取り、香りが出やすいように軽くもんでおく

2 熱湯で洗って消毒し、乾燥させた保存容器にハーブを入れ、ハーブが完全に浸かるまで酢を注ぐ

3 フタをして、直射日光の当たらない場所で1週間ほど寝かせて酢に香りを移す。その際、1日1回、容器をゆする

4 酢にハーブの香りが移ったら、ハーブを取り出してザルなどでこすと完成

5 出来上がったハーブビネガーは、冷暗所で1カ月、中の材料を取り出せば、2〜3カ月の保存が可能

※フタが金属製の保存容器は、酢と反応して変色するため避ける

ハーブバターの作り方

細かく刻んだハーブを混ぜ込んだハーブバター。肉料理や魚料理の仕上げのほか、サンドイッチにもぴったり。

【材料】ハーブ各種 …… 適量
バター …… 100g
ブラックペッパー …… 適量
塩 …… 適量

1 室温で戻しておいたバターを、柔らかくなるまで練る

2 ハーブを細かく刻む

3 1の柔らかく練ったバターに刻んだハーブを加えて、よく混ぜ合わせる（好みで塩、ブラックペッパーを加える）

4 3をラップで筒状に包み、1日冷蔵庫で冷やし固めれば完成

5 冷蔵庫では約1週間、冷凍庫では約1カ月の保存が可能

おすすめハーブ

- タイム
- タラゴン
- チャービル
- チャイブ
- バジル
- パセリ
- ローズマリーなど

092

LEMON BALM

レモンバーム（メリッサ）

爽やかな香りに癒される「不老不死の霊薬」

▶葉からレモンに似た香りを放つ

レモンに非常によく似た香りを持つレモンバームは、毎年夏の終わりに蜜のある花を咲かせる。この花がミツバチを引き寄せることから、ギリシャ語で「ミツバチ」を意味する「メリッサ」という別名を持つ。

こうした性質は、古代ローマ時代の科学者プリニーによって発見され、当時の主要な糖源として、ハチミツ採取のために栽培された。

八〜九世紀には「長寿のハーブ」と信じられ、ヨーロッパに浸透した。錬金術師としても有名な、ルネサンス期のスイスの医師パラケルススは、レモンバームが心臓への鎮静作用を持つことから、「生命のエリキシル（不老不死の霊薬）」と呼んで珍重したという。

現在、レモンバームは栽培しやすいハーブの一つとして日本でも広く普及している。利用方法としては、ハーブティーをはじめ、生葉をサラダやお菓子といった食用に、乾燥させた葉をポプリにと、さまざまな用途で親しまれ、抑うつ効果や風邪予防が期待されている。一方で、レモンバームの精油は抽出率が極めて低く、貴重で高価なものとなっている。

ABOUT THE HERB

学名　*Melissa officinalis*
分類　シソ科／多年草
和名　セイヨウヤマハッカ
原産地　南ヨーロッパ
草丈　30〜80cm
使用部分　葉、花
用途　料理、お茶、美容健康、クラフトなど
効能　食欲増進、消化促進、強壮、発汗、鎮痛、抗うつ、抗炎症、抗菌など

ハーブティー　クセがなく飲みやすい味

レモンバームティーは、「毎日飲み続ければ長生きする」といわれるほど、健康効果に期待が寄せられている。レモンの香りが特徴で、酸味はなく、ほんのりとした甘味が楽しめる。

効能

高血圧、神経性の消化不良、頭痛、ストレスなどに効果的といわれており、気分が落ち込んだときやイライラした気持ちを落ち着かせたいとき、ストレスによる頭痛がするときなどにおすすめだ。

※妊娠中の飲用を避ける

▲レモンバームのハーブティー

▶レモンバームの乾燥葉

RECIPE

レモンバームの生葉（ひとつかみ）をポットに入れて熱湯を注ぎ、3～5分待つ。

料理　料理の香味付けに最適

新鮮な葉をちぎってサラダやマリネ、デザートに加えると、いつもとひと味違ったおいしさを楽しめる。また、乾燥させた葉は、ドレッシングやソースに加えるほか、魚介類のホイル焼きに加えるだけで、爽やかな香りが淡泊な魚介の旨味をさらに引き出してくれる。

◀カップケーキの彩りに

▶タイ料理のサラダや炒め物にもレモンバームの風味がぴったり

美容・健康

▶レモンバームの精油

効能（精油）

- 身体化障害 ・うつ ・高血圧
- 消化不良 ・生理不順、生理痛
- 発熱、頭痛 ・気管支炎
- 吐き気 ・抗菌 など

香水に

レモンに甘い香りを混ぜたような、フローラル系の香りを持つレモンバームの精油。その甘い香りをかぐだけで気持ちの高ぶりが収まり、ストレスが軽減される。非常に高価なので、香水として少量ずつ使いたい。

※妊娠中は使用を避ける

育て方

▶窓際のインテリアにもおすすめ

育てやすさ：★★★★★

	1	2	3	4	5	6	7	8	9	10	11	12
種まき				■	■	■			■	■		
花期						■	■	■				
収穫				■	■	■	■	■	■	■	■	

注意点

- 生育が早く室内でもよく育つが、夏の乾燥期には水を切らさないように注意する

ROSE

ローズ

時代を超えて愛され続ける優美な花姿と上品な芳香

▶最も香りが良いとされるダマスクローズ

▲薬用や香水用に古くから栽培されてきたガリカローズの仲間

アジアが主な原産地で、北半球の温帯地域を中心に約一二〇種類が存在する。日本では「バラ」と呼ばれ親しまれている。

紀元前一五〇〇年頃にはすでに栽培が行われ、香料や薬として利用されていた。その素晴らしい芳香と見た目の美しさは、当時から多くの人々を魅了し、古代エジプトの女王クレオパトラもローズを愛してやまなかったという。

日本では、『万葉集』にローズと思われる記述が残されているほか、『源氏物語』や『枕草子』にも同様の記述がある。

ローズのなかでもダマスクローズは最も香りが良く、花弁から抽出した精油は香水の原料やアロマテラピーに、花弁を蒸留して得られる「ローズウォーター」は中東やインドなどでデザートの香り付けに、乾燥した花弁はペルシャ料理などで薬味に利用されるなど、幅広い用途がある。

ローズの香りは、情緒に対して緩和作用を示し、特に抑うつ、悲嘆といったマイナスの感情をほぐし、心を明るく高揚させる効果が期待されている。神経の緊張とストレスを和らげ、心をリラックスさせるといわれている。

ABOUT THE HERB

学名　*Rosa damascena*（ダマスクローズ）
分類　バラ科／低木、つる性低木
和名　バラ
原産地　アジア、ヨーロッパ、北アメリカ
草丈　10cm〜1m
使用部分　花
用途　料理、お茶、美容健康、クラフトなど
効能　鎮静、収れん、抗菌、抗うつ、消炎、強壮、美肌、血液浄化など

ハーブティー　上品で優しい味わい

主に赤い花弁を使う「ローズレッド」とピンクの花弁を使う「ローズピンク」があり、ほんのりと甘く、クセのない味が特徴。

効能

胃腸の疲れや便秘の改善、ホルモンバランスの調整などに効果的。また、落ち込んだときに飲むと、気分をリフレッシュさせてくれる。

RECIPE

乾燥させたローズの花弁（大さじ1）をポットに入れ、2〜3分蒸らす。紅茶やローゼル（ハイビスカス）とも相性が良く、ブレンドしても美味。

※無農薬で栽培された食用バラを使う

▲ローズティー

クラフト　見た目も香りも楽しめる

ローズのドライフラワーはインテリアとして人気が高く、部屋の香り付けにも最適。さらに、このドライローズの花弁とローズの精油を密閉容器で保存し、熟成させると、ドライポプリの出来上がり。
これらを湯船に浮かべれば、リラックス効果の高い入浴が楽しめる。

◀ギフトにも最適なドライローズのポプリ

▶ドライローズのつぼみ

美容・健康

効能（精油）

- うつ
- 緊張、ストレス
- 不安
- 不眠症
- 乾燥肌
- シワ
- PMS
- 生理痛
- 生理不順
- 更年期障害など

◀古くから重宝されているローズの精油

▲花を浮かべて、見た目も楽しむ手足浴に

※入浴には無農薬で栽培されたバラを使う

▼ローズの石けんやキャンドルも人気

バスタイムに

ローズの精油を入れて作る石けんは、甘美な香りがホルモンバランスを整え、ストレスの軽減に効果的とされている。ドライローズを浮かべた湯船と併せて使用すれば、心も体もリフレッシュすること間違いなし。

育て方

育てやすさ：★★★☆☆

	1	2	3	4	5	6	7	8	9	10	11	12
植付け	━	━		━	━						━	━
花期					━	━						
収穫				━	━	━	━	━	━	━		

注意点

- 水はけの良い、粘土質を含んだ栄養豊富な土に植える
- 開花期は病気や害虫が発生しやすいので注意する

▼ローズのトンネル

ROSE HIP

ローズヒップ

高い美肌効果を持つ「ビタミンの爆弾」

▲イヌバラの花

▲ローズヒップ

ローズヒップは、バラ科バラ属の果実を指し、食用では主にイヌバラの果実が用いられている。

かつては、原産地の一つであるチリの先住民によって傷の治療に利用されていたほか、古代ローマ時代の書籍にも薬としてその名が記されている。また、中国の漢方ではナニワイバラの果実が「金桜子《きんおうし》」と呼ばれ、腎臓や泌尿器系のトラブルに服用されていたという。ヨーロッパの民間療法では、乾燥させた果実で作るローズヒップティーは風邪薬として普及している。

ビタミンCをはじめB・Eなどを含み、とても栄養価が高く、近年は美容への効果が日本でも注目されている。果実から抽出されたオイルには、リノール酸、リノレン酸といった皮膚に必要な成分や、ビタミンAに似た成分が含まれており、細胞を活性化する作用に優れている。このため、乾燥肌やニキビの改善、さらには美白にも効果が期待されている。また、果実はジャムやお菓子に使われることが多く、特にローゼル（ハイビスカス）とブレンドしたハーブティーは、鮮やかなピンク色で見た目と味の両方が楽しめる。

ABOUT THE HERB

学名　*Rosa canina*(イヌバラ)
分類　バラ科／半つる性落葉低木
和名　イヌバラ
原産地　ヨーロッパ
草丈　1~3m
使用部分　果実
用途　料理、お茶、美容健康、クラフトなど
効能　強壮、収れん、利尿、緩下、美肌、抗酸化作用、鎮静など

料理

▶ローズヒップジャム

ビタミン豊富なジャム

ローズヒップをたっぷりの水で煮込み、ハチミツや砂糖を加えてさらに煮詰めれば、ほんのり甘酸っぱいジャムの完成。水の代わりにローズヒップティーを使用したり、風味付けにワインを加えたりしてもおいしい。

乾燥させて保存する

乾燥させたローズヒップは、お酒に漬ければローズヒップ酒に、酢に漬ければローズヒップビネガーとなる。漬けた後の果実も食べられるので一石二鳥だ。

▲パンやヨーグルトと一緒に

◀ローズヒップティー

ハーブティー

女性にうれしいハーブティー

レモンジュースを薄めたような爽やかな飲み口で、豊富なミネラルやビタミンが、女性特有の諸症状を緩和してくれる。

効能

美白、美肌に効果があるほか、風邪などによる免疫力低下も防止してくれる。また、疲労回復や妊娠中の栄養補給としても効果的。

その他のアレンジ

ハチミツを加えると酸味が和らぎ、ひと味違う風味を楽しむことができる。

▶乾燥させたローズヒップ

RECIPE

乾燥させたローズヒップ（大さじ1/2〜1）をポットに入れて熱湯を注ぎ、5〜10分蒸らす。味が薄く感じる場合は、お湯を注ぐ前に実をつぶしたり、抽出時間を長くしたりするとよい。

美容・健康

効能（キャリアオイル）

- シミ
- シワ
- ニキビ
- やけど
- PMS
- 乾燥肌
- 生理不順
- 更年期障害など

スキンケアに

ローズヒップの果実から抽出されるオイルは、肌に直接塗って使用するのが一般的。洗顔後の保湿オイルや入浴中のパックやマッサージに使用するのがおすすめ。また、キャリアオイルとして他の精油と混ぜて使うこともできる。なお、ローズヒップオイルは酸化しやすいため、保管の際は冷蔵庫に入れて早めに使い切るのが望ましい。

▶ローズヒップオイル

育て方

▼イヌバラの場合

育てやすさ：★★★★☆

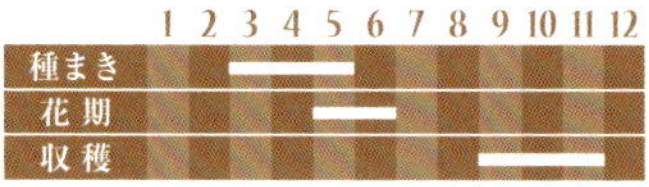

注意点

- 水はけの良い、粘土質を含んだ栄養豊富な土に植え、春から秋は月に1回は肥料を追加する
- 開花期は病気や害虫が発生しやすいので注意する

▶秋に赤く色付いたローズヒップ

ア
カ
サ
タ
ナ
ハ
マ
ヤ
ラ
ワ

095

ROSEMARY

ローズマリー

アンチエイジングに効果的な「若返りのハーブ」

▲青く小さな花を咲かせる

▲細い針のような葉が特徴

地中海沿岸が原産のハーブで、青く小さな花がまるでしずくのように見えることから、「海のしずく」を意味するラテン語に由来して名付けられた。

古代エジプト時代の墓から枝が発見されるなど、古くから親しまれてきたハーブの一つ。古代ギリシャ時代にも、神にささげる神聖な植物として珍重されていた。

また、一四世紀のハンガリーでは、王妃エリザベートがローズマリーを主成分とした「ハンガリアン・ウォーター（ローズマリー水）」を使用して若さと美しさを保ち、七〇歳にしてポーランドの国王にプロポーズされたという逸話も残されている。それを証明するように、今なお「若返りのハーブ」としてさまざまな化粧品に用いられている。ローズマリーのハーブティーには、アンチエイジング効果に加え、コレステロール低下や更年期障害の改善の効果も期待されている。

爽やかな芳香を持つ葉は、ラム肉をはじめ、肉料理の臭い消しなどに多用される。日本の土壌でも栽培しやすいので、ガーデニングにも取り入れやすく、非常に人気が高い。

ABOUT THE HERB

学名　*Rosmarinus officinalis*
分類　シソ科／常緑小低木
和名　マンネンロウ
原産地　地中海沿岸
草丈　50cm～1m20cm
使用部分　葉、花、茎
用途　料理、お茶、美容健康、クラフトなど
効能　抗菌、抗酸化作用、消臭、血行促進など

ハーブティー　歴史あるハーブティー

スパイシーな香りが特徴で、乾燥させた葉よりも生葉のほうがマイルドで飲みやすい。

効能

刺激的な香りには、脳のはたらきを活性化し、集中力を高める効果がある。また、血行を促進する作用もあるため、低血圧の人は朝に飲むと目覚めが良く、頭がすっきりする。

※長期間の連続した飲用は避ける
※妊娠中や高血圧の人は使用量に注意する

▶オレンジを入れたローズマリーティー

RECIPE

ローズマリーの生葉（小さじ5）をポットに入れて熱湯を注ぎ、2～3分待つ。紅茶などとブレンドするとクセが和らぎ、飲みやすくなる。

料理　肉料理や魚料理に

臭みの強い肉や魚の下処理に用いたり、ほかのスパイスと合わせてマリネに使用しても美味。また、ジャガイモとの相性も良く、オーブンで焼き上げればイタリア料理で定番の付け合わせに。

▲ローズマリーの風味が香るローストポテト

▲ローズマリーのハーブオイル

ハーブオイルに

ローズマリーとガーリックを1週間ほどオリーブオイルに漬け込んだハーブオイルは、料理の仕上げやドレッシングに最適。

（左）ローズマリーを生地に練り込んだイタリアのパン「フォカッチャ」（右）ステーキに添えれば、牛肉特有の臭みを和らげてくれる

育て方

育てやすさ：★★★★★

	1	2	3	4	5	6	7	8	9	10	11	12
種まき				●	●				●	●		
花期	●	●	●	●						●	●	●
収穫	●	●	●	●	●	●	●	●	●	●	●	●

注意点

- 日当たりと水はけの良い場所に植える
- 葉枝が茂り過ぎて蒸れるので、収穫を兼ねて切り戻しをする

◀小さな花を咲かせたローズマリー

美容・健康

▶ローズマリーの精油

効能（精油）

▪ストレス ▪眠気 ▪肌のたるみ ▪むくみ ▪フケ
▪セルライト ▪PMS ▪冷え症 ▪肩こり ▪花粉症など

入浴に

筋肉疲労やむくみを取り除いてくれるローズマリー。温めながらほぐすことで、より高い効果を発揮するため、入浴時などバスソルトの利用がおすすめだ。

※妊娠中や高血圧、てんかんの症状を持つ人は使用を避ける

◀ローズマリーの石けん

ROSELLE

ローゼル（ハイビスカス）

クレオパトラが愛飲した美容効果満点のハーブ

▼花が枯れた後に赤く熟したがく。これを乾燥させてハーブティーにする

▲ローゼルの花

南国の花の代名詞ともいえるハイビスカスは、フヨウ属の植物の総称で、約二〇〇種もの品種が存在する。

なかでも、アフリカを原産とするローゼルという種類は、果実を包んでいる肉厚ながくの部分が食用となり、生食やお茶、ジャム、酒など、さまざまな形で利用されている。

非常に強い酸味を持っているが、甘味を加えたハーブティーは清涼飲料に最適。ビタミンやクエン酸を多く含み、利尿作用や新陳代謝を促す効果も期待できるため、女性に人気の飲み物となっている。古代エジプトでは、三〇〇〇～四〇〇〇年以上前から飲用されており、クレオパトラもローゼルティーを飲んでその美貌を保ったといわれている。

ハーブティー

◀アイスローゼルティー

美しいルビー色で、ほのかな酸味がのどの渇きを癒してくれる。夏の暑い日に冷やして飲むのがおすすめ。

効能

新陳代謝を良くして体をアルカリ性にし、便通を整えてくれるほか、カリウムが多いため利尿作用にも優れている。

育て方

育てやすさ：★★★☆☆

- 日当たりの良い場所に植え、成長期は十分水を与える
- 害虫が付きやすいので、こまめに駆除する

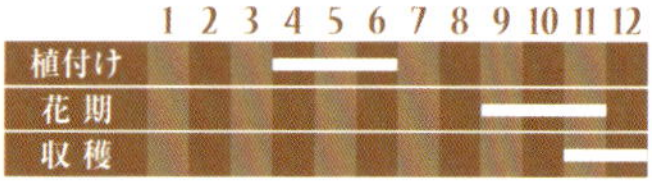

ABOUT THE HERB

学名　*Hibiscus sabdariffa*
分類　アオイ科／一年草
和名　ロゼリソウ
原産地　アフリカ北西部
草丈　1～3m
使用部分　花、がく
用途　料理、お茶、美容健康、クラフトなど
効能　肝臓保護、健胃、利尿、解熱、美肌、代謝促進など

ア
カ
サ
タ
ナ
ハ
マ
ヤ
ラ
ワ

097

LAUREL

ローレル

風味を豊かにする
煮込み料理に欠かせないハーブ

▲ローレルの小枝

アジアやヨーロッパなど、世界各地に分布しているローレルは、地中海原産の高木の一種。その歴史は古く、古代ギリシャやローマの時代からギリシャ神話に登場する神アポロンの木として神聖視され、ローレルの小枝で編んだ冠「月桂冠《げっけいかん》」を勝利と栄光の象徴として、競技の勝者や優秀な人物などの頭上に掲げた。

日本への伝来は、明治後期。日露戦争の戦勝記念に植樹され、これを機に広く普及したとされている。月桂樹《げっけいじゅ》という和名で知られており、庭木や垣根として栽培されている。

乾燥させた葉は香り付けのため煮込み料理に加えられる。ブーケガルニに欠かせないハーブだ。防虫効果があるので、虫よけにも用いられる。

ABOUT THE HERB

学名　*Laurus Nobilis*
分類　クスノキ科／常緑高木
和名　ゲッケイジュ
原産地　地中海沿岸
草丈　2～12m
使用部分　葉、実
用途　料理、お茶、美容健康、クラフトなど
効能　消化促進、抗菌、鎮痛、健胃、防虫、防腐など

料理

煮込み料理の風味付けに

ローレルの香りは肉や魚の臭み消しに非常に効果的。また、深みのある香りを与えてくれるので、たった1枚加えるだけで、料理の風味を豊かにしてワンランク上の仕上がりになる。煮込み料理以外にも、ピクルスや乳製品の香り付けとしてもおすすめだ。

▲野菜とソーセージのスープに

育て方

育てやすさ：★★★☆☆

- 冬の乾燥した風には当てないようにする
- 葉に虫が付きやすいため、こまめに駆除する

WORM WOOD

ワームウッド

虫を寄せ付けない
強い苦味を持つハーブ

▶ヨモギに似た葉を持つ

ワームウッドの名前は、旧約聖書に登場する理想郷、エデンの園を追放されたヘビ（ワーム）が這った跡に生えてきたという伝説に由来する。中世ヨーロッパでは、ノミや蚊、ダニ除けのために、乾燥させた葉を床にまいたりベッドに敷いていた。日本でも江戸時代に着物の間に入れて防虫として用いられたほか、現在は無農薬農法のために使われることも多い。

　また、茎葉と花に独特の甘い香りと強い苦味を持つことから、清涼飲料水やアルコールの香り付けに多用される。特に「緑の魔酒」と呼ばれるリキュールのアブサンや、白ワインにハーブとスパイスを漬け込んで作られるベルモットなどが知られている。

クラフト

手作りの防虫剤に

優れた防虫効果を生かして、乾燥させた葉を布袋に入れ、衣類ケースやクローゼットに置くだけで手軽な防虫剤に。また、ドライフラワーやリースにして室内に飾れば、インテリアとしても楽しむことができる。

▶乾燥させたワームウッド

育て方

育てやすさ：★★★★★

- 丈夫なため、日当たりが良ければ場所を選ばず育つ
- 梅雨に葉が茂り過ぎたら、刈り込んで風通しを良くする

	1	2	3	4	5	6	7	8	9	10	11	12
種まき			━	━	━				━	━	━	
花期						━	━	━				
収穫						━	━	━				

ABOUT THE HERB

学名　*Artemisia absinthium*
分類　キク科／多年草
和名　ニガヨモギ
原産地　ヨーロッパ
草丈　40cm～1m
使用部分　葉、花
用途　お茶、美容健康、クラフトなど
効能　防虫、健胃、強壮、風邪の症状緩和、抗炎症、解熱、殺菌など

099

WILD STRAWBERRY

ワイルドストロベリー

愛と幸運、奇跡を呼ぶ
贈り物に最適なハーブ

▶白く可愛らしい花が咲く

▲熟したワイルドストロベリーの果実

ワイルドストロベリーは、いわば野生種のイチゴで、数多くの種類がある。その起源は石器時代にまでさかのぼるが、本格的に栽培されるようになったのは一七世紀頃のことで、これが最初のイチゴ属の栽培だとされている。

ヨーロッパでは愛と幸運を、アメリカでは奇跡を呼ぶハーブとされ、初夏に実る赤い果実は、生食はもちろん、ジャムや果実酒にも最適。ビタミンやミネラルが豊富で美容に良く、さらには消化器系の機能改善にも効果が期待できる。

なお、観賞用のために近親種のヘビイチゴがワイルドストロベリーの名で販売されることがあるが、こちらは黄色い花を咲かせ、果実も食べられないので、注意が必要だ。

ABOUT THE HERB

学名 *Fragaria vesca*
分類 バラ科／多年草
和名 エゾヘビイチゴ
原産地 ヨーロッパ
草丈 30～50cm
使用部分 果実、葉、根
用途 料理、お茶、美容健康など
効能 貧血予防、利尿、整腸、消炎、強肝、収れんなど

ハーブティー

▶ワイルドストロベリーティー

乾燥させた葉を利用するため、フルーティーな香りよりも、番茶に似た味がする。味にクセはなく、非常に飲みやすい。

効能
腎機能を高める鉄分やカルシウム、リンなどを含み、体内の浄化を促す。関節炎やリウマチ、むくみ、ぼうこう炎などに効果が期待できる。

育て方

育てやすさ：★★★★☆

- 日当たり、水はけ、風通しの良い場所で育てる
- 果実の収穫後に追肥する

	1	2	3	4	5	6	7	8	9	10	11	12
種まき				●					●			
花期			●	●					●	●		
収穫			●	●	●				●	●		

WASABI

ワサビ

強力な殺菌作用を持つ
日本が世界に誇るハーブ

▲地下茎を利用する

▶ワサビの葉・花はしょうゆ漬けやおひたしで味わうことができる

日本を原産とするハーブのワサビ(山葵)。その香りと味には独特の刺激があり、主に根茎をすりおろして食される。大きく分けて沢ワサビと畑ワサビの二種類があり、このほかに海外から持ち込まれて帰化した西洋ワサビ（ホースラディッシュ）がある。

古くは奈良時代から自生のものが食べられており、平安時代に編さんされた日本最古の薬草辞典にも記述が残されている。栽培が始まった江戸時代には、寿司や蕎麦《そば》の普及とともに全国に広まった。当時の百科事典『和漢三才図会《わかんさんさいずえ》』にも、「蕎麦の薬味に山葵は欠くべからず」と記されているなど、昔から親しまれていた様子がうかがえる。

鼻にツンとくる独特の辛味の元となるのは、シニグリンという成分で、すりおろす過程で酸素に触れ、酵素と反応して初めて辛味が引き出される。この辛味には非常に強力な殺菌・抗菌作用があり、特に生魚との組み合わせには、食中毒を防ぐ効果がある。また、人間の体内においても大腸菌やピロリ菌を抑制してくれるほか、抗がん作用が期待されるなど、まさに日本が世界に誇るハーブといえる。

ABOUT THE HERB

学名 *Wasabia japonica*
分類 アブラナ科／多年草
和名 ワサビ
原産地 日本
草丈 20～45cm
使用部分 根、茎、葉、花
用途 料理、健康など
効能 殺菌、抗菌、食欲増進、消化促進、抗がん、温熱、消毒など

(左)海外では寿司のブームとともに広まった (右)蕎麦の薬味には欠かせない

料理　生ワサビで新鮮な香りを楽しむ

手軽に利用できるチューブタイプも多いが、生ワサビのおろしたての風味も味わってみたい。渓流や湧水で育てる沢ワサビと、畑で育てる畑ワサビがあるが、生食に適しているのは沢ワサビ。水に濡らした布で包み、ラップにくるんで冷蔵庫の野菜室で保管すれば、1カ月は保存可能だ。

▼ワサビの辛味と香りは揮発性なので、すりおろしたらすぐに食べるとよい

洋風のアレンジで

和食以外にも、洋食のソースなどに利用することでワサビを使った料理の幅を広げることができる。マヨネーズと合わせたワサビ風味のディップやクリームソースのほか、バルサミコ酢と合わせてもおいしい。

▶ワサビのクリームソースを添えたサーモンのソテー

ワサビをおいしくおろすコツ

おろし器の上に少量の白砂糖を載せて、ワサビの茎の付いた方からすりおろすと、ワサビのあくが砂糖で消され、香りと辛味が引き立ってよりおいしくなる。

葉はしょうゆ漬けに

ワサビの葉を沸騰した湯にくぐらせ、冷水に浸してからよく絞って水気を切り、しょうゆ、酒、めんつゆと一緒にビンに漬けておけば完成。おつまみに最適な一品だ。

◀沢ワサビの栽培風景

育て方

育てやすさ：★☆☆☆☆

注意点

- 冷涼な気候を好むので、家庭での栽培はやや難しい

知っておいしい ハーブ事典

監修者　伊《い》嶋《しま》まどか

野菜ライフスタイリスト・編集者。本の編集や生産者への取材、また各国への旅を通して、野菜やハーブ、薬膳など食材の面白さを学ぶ。現在は、漢方の考え方を取り入れて身近な食材で楽しむ薬膳ワークショップ、カルチャーセンターでの講座などを受け持つ。
主な著書に『はじめよう！キッチン野菜』（学研プラス）、『キッチン＆ベランダ菜園』（ブティック社）、そのほか食や健康美容、レシピ、漢方に関する書籍の企画編集多数。テレビ・雑誌など幅広く活動中。漢方上級スタイリスト、養生薬膳アドバイザーの資格を持つ。

暮らしの出版物とワークショップ【atelier ハル:G】主宰
https://halu-g.jp/

装丁・デザイン　乙原優子・谷伸子・多田あゆみ・梶間伴果・山添美帆・遠藤葵

写真　Shutterstock、PIXTA

編集・制作　株式会社エディング

2018年12月25日 初版第１刷発行

監　修　伊嶋まどか

発行者　岩野裕一

発行所　株式会社実業之日本社
〒107-0062　東京都港区南青山5-4-30
CoSTUME NATIONAL Aoyama Complex 2F
電話（編集）03-6809-0452　（販売）03-6809-0495
http://www.j-n.co.jp/

印刷・製本　大日本印刷株式会社

ISBN978-4-408-33836-1（第一趣味）